监理智慧化服务创新与实践

永明项目管理有限公司　编著

中国建筑工业出版社

图书在版编目（CIP）数据

监理智慧化服务创新与实践 / 永明项目管理有限公司编著 . —北京：中国建筑工业出版社，2021.6

ISBN 978-7-112-26248-9

Ⅰ.①监⋯　Ⅱ.①永⋯　Ⅲ.①建筑工程—监理工作—研究　Ⅳ.①TU712.2

中国版本图书馆 CIP 数据核字（2021）第 115759 号

责任编辑：陈夕涛　张智芊
责任校对：芦欣甜

监理智慧化服务创新与实践

永明项目管理有限公司　编著

*

中国建筑工业出版社出版、发行（北京海淀三里河路 9 号）

各地新华书店、建筑书店经销

逸品书装设计制版

北京京华铭诚工贸有限公司印刷

*

开本：787 毫米 ×1092 毫米　1/16　印张：18¼　字数：342 千字

2021 年 7 月第一版　　2021 年 7 月第一次印刷

定价：**135.00** 元

ISBN 978-7-112-26248-9

（37638）

本书编委会

策　　划：张　平

编　　著：杨正权　尹晓旭

审　　核：朱序来

成　　员：解思语　何　磊　李文瑞　李青琳（女）

　　　　　董　斌　钱　静（女）　李　哲

　　　　　井卫涛　郭　辉　李宝刚　卢正强

题词

加强监理信息化
提升服务智慧化
以为本书谘询引
锻造质量发展

庚子年王早生题

中国建设监理协会　会长　王早生为本书题词

建筑工业信息化、智能化是时代发展、社会进步的必然趋势。建设监理行业面临着改革和发展，监理企业要积极行动起来，要加大信息智能化设备投入，也要重视人才的培养，提升智能信息化应用能力，不断提升服务业主和社会的能力，发挥市场主体作用，以智慧化服务推动监理企业的转型升级和监理行业的健康发展。

监理企业要补足短板，加快监理企业信息化转型，用数字化手段把握新的历史机遇，以智慧化服务培育创新发展新动能，开创信息化数字合作新局面。以信息化管理、智慧化服务创新监理新模式，应用项目可视化、系统化管理，实现工程建设监理行业的提质增效和品牌提升。

永明项目管理有限公司深耕工程建设行业信息化、智能化服务多年，已具备成熟的一体化解决方案和智慧化服务创新能力，利用互联网、云计算、大数据等技术，构建出适用于工程建设行业的信息化智能管控服务平台——筑术云，实现专家在线、协同办公、项目可视化管理等方面的信息智慧化。开展新兴信息技术在工程建设行业的应用，对于实现工程建设项目规范化、标准化具有深远的意义，永明项目管理有限公司要继续与广大同行、用户共同努力，不断创新，共同开创建设工程全过程监理咨询行业新发展格局。

中国建设监理协会 副会长
陕西省建设监理协会 会长　商　翔

2020年7月21日，中国建设监理协会在西安召开了监理企业信息化管理和智慧化服务现场经验交流会。在这次监理企业信息化交流会上，已有不少监理企业不同程度地迈上信息化发展道路，各单位所应用的监理信息化技术也各有千秋。目前，监理企业应用信息化开展智慧化服务热潮已在全国各地铺展开来。

王早生会长在这次会议上讲到："信息化是时代进步的必然。目前，我们已经迈向信息化时代，市场竞争日渐激烈，信息化建设在促进企业发展、提升企业核心竞争力方面发挥着越来越重要的作用，也是企业实现长期持续发展的重要推动力之一。同时，信息化发展正在改变着工程建设组织实施方式，因此推动企业信息化建设，是客户的需求，是时代发展的需要"。

"信息化建设与监理企业、行业的改革密切相关，是创新发展的重要抓手。补监理信息化短板，强化企业管理基础。目前在项目建设设计阶段和建设过程中的施工已基本实现BIM等信息化，如果监理的监管手段落后于施工单位，将无法对施工现场进行有效的监管。所以，监理企业应加大信息化装备的投入和人才的培养。"王学军副会长也在本次交流上讲到："习近平总书记在2018年的全国网络安全和信息化工作会议上指出：'信息化为中华民族带来了千载难逢的机遇'。无疑，信息化也是监理行业发展的重大机遇。为进一步提升建筑业信息化水平，住房和城乡建设部印发了《2016-2020年建筑业信息化发展纲要》，提出了实现企业管理信息化、行业监管与服务信息化、专项信息技术应用及信息标准化的目标。"现如今，人类社会正由信息化工业革命向智能化工业革命跨越，我国已由"十三五"规划实现向"十四五"规划跨越。建设工程监理行业也将全面步入规范化、标准化、信息智能化的新发展阶段，因此，旧的监理服务模式、传统的人工收集信息方式已远远不能满足社会和行业发展需要。

推动建设工程信息化、智能化变革，创新和发展建设工程监理智慧化新管理模式，不仅能有效降低建设工程成本和质量安全风险，更能有效地为客户创造价值，提升监理智慧化服务水平和企业核心竞争力。

近年来，永明项目管理有限公司积极贯彻落实住房和城乡建设部《2016-2020年建筑业信息化发展纲要》，投资成立了陕西合友网络科技公司，研发用于建设工程监理行业的信息化科技产品—筑术云，并通过在永明公司"一带一路"西咸丝路经济自由贸易区起步区一期监理项目、西安城市轨道地铁6号、8号、10号线、西安航天基地、广西贺州、内蒙古达拉特旗、海南三亚崖州湾·海垦顺达花园等多个大型监理项目中运用实践，效果显著，得到了来自全国各地有关政府、行业和建设单位的一致好评。至此，永明项目管理有限公司根据当前监理行业信息化发展形势，编制出《监理智慧化服务创新与实践》一书，仅为永明公司全体员工学习和应用，同时作为永明商学院通关培训教材，也可为广大监理企业开展智慧化服务提供借鉴参考。

《监理智慧化服务创新与实践》主要内容包含总则、信息化管理架构、智能信息化产品应用、智慧监理文件资料管理、智慧监理资料样表、专家在线服务平台管理、项目监理智慧化工作内容及措施、智慧监理培训、新兴技术应用与管理、智慧化服务案例、智慧化服务成果分享，共十一章，旨在提高永明公司员工利用信息化手段开展智慧化服务工作的能力和企业信息化管理水平。《监理智慧化服务创新与实践》内容，虽经反复推敲、核证，难免有不妥之处，诚望并万分感谢广大读者提出宝贵意见和建议。

《监理智慧化服务创新与实践》由永明项目管理有限公司编著，经我公司董事长、中国建设监理协会理事、陕西省监理协会副会长、筑术云信息化产品总设计师张平先生策划，公司副董事长、信息化高级工程师、教授朱序来先生审核，公司技术负责人（总工程师）杨正权先生撰稿，历经潜心耕作180天，终于完成此书编著工作并呈现于读者面前。在此特别感谢中国建设监理协会会长王早生先生的鼓励并为本书赠予题词墨宝；感谢陕西省监理协会会长商科先生为本书作序；感谢中国建筑工业出版社从专业角度对本书的严格要求，淬火提炼方使得本书质量得以提升；最后要感谢我公司副董事长、信息化高级工程师、教授朱序来先生为本书编著审核严格把关、精心指导；感谢本书编委会成员、参与编著工作的部分分公司负责人：郑楚麒、徐宣一、袁帅、张林梅（女）、张少莉（女）、罗正洲、孙海燕、赵晓泊、赵力、吴东红、池耀峰、曹恩党、黄小昌、杨万福、兰玲（女）、邱志芳（女）、叶芳（女）、李翔、张文斌、李潇、侯颖（女）、秦广发、任武、白开明、陈保仁、李广、童相铭、吴克洪、刘志亮、李强（内蒙古）、李强（佳明）、任海辉、秦石军、刘贤亮、金晓彤、杨龙、孟庆安、陈刚、李斌、张耀斌、郭太东、甘亦勇、陈仁义、韦祥峰、姜建、张小娟（女）、赵金祥、刘铁刚、郭明德、沈国辉、汪瑞芳（女）、张巧巧（女）、蒋宝林、周又新、安双禄、田毅、张大力、蒙正堂、邹武麟、王艳萍（女）、王肇靖、郭军、肖春平、徐志、赵九玲（女）、王茂胜、蒲修红（女）、王琦璘、闻怡、纪峰、周小峰等为本书编著工作提供大力支持和帮助；感谢与永明项目管理有限公司签署信息化战略联盟的兄弟企业。

　　本书出版之时，正是我国"十四五"开局之年，习总书记多次强调："必须把创新作为引领发展的第一动力，把创新摆在国家发展全局的核心位置"。进入2021年，跨越"十四五"智能化时代，以人工智能、区块链、大数据、云计算为基础的互联网数智化发展大幕徐徐拉开，各行各业向互联网数字化转型势在必行。加强数字化经济建设，赋能企业经济发展。永明项目管理有限公司期待继续与同行业兄弟单位汲取有益经验，建立企业战略联盟，携手推动数字经济健康发展，为经济增长培育新动力、开辟新空间。

　　本书出版，正是中国共产党成立100周年，至此，特献上一份厚礼！

中国建设监理协会　理　　事
陕西省建设监理协会　副 会 长
永明项目管理有限公司　董 事 长
筑术云信息化产品　总设计师

第九章　新兴技术应用与管理　｜ 223

第十章　智慧化服务案例　｜ 231

第十一章　智慧化服务成果分享　｜ 265

第一章 总 则

从我国实行建设工程监理制度以来，监理就开始以人工加计算机辅助的方式开展信息化管理工作，只是当时的监理应用信息化程度不高。时代发展到今天，监理信息化已经得到长足发展，信息化管理、智慧化服务不断提高，即采用智能设备、科技软件对建设工程进行全方位信息采集，并收集、整理、存储，建立大数据库，应用于建设工程中，监督和指导建设工程参建各方的建设行为。因此，监理智慧化服务实质上是将监理企业的各项业务过程通过互联网技术、智能设备进行数字化、可视化等信息科技手段的充分利用，生成新的信息资源，以便企业领导层及时准确地作出决策，全面提升监理信息化水平，提升监理智慧化服务，引领建设、监理行业高质量发展。

监理智慧化服务的创新可使监理有效地履行法定和合同约定的监理职责，满足政府和客户的需求，提高企业核心竞争力，适应瞬息万变的市场环境，求得最大的社会效益和经济效益。监理智慧化服务工作是以监理业务流程的优化和重构为基础，综合运用计算机网络视频技术、BIM技术、区块链、大数据技术、物联网技术、云计算等集成化管理。在监理智慧化服务活动中所产生的各种信息，可以实现企业内、外部信息的共享和有效利用。

监理智慧化服务的实施必将涉及监理企业管理模式、组织架构、业务流程、组织行为和作业习惯的改变，是一个复杂的组织与管理变革的过程。监理在开展一切智慧化服务工作实践中，在空间上从由点到面、由浅入深逐步向由面到点、深入浅出的过程过渡，让流程更简单，让管理更轻松，让监理人有尊严；在时间上具有阶段性，在不同的阶段发挥着不同的作用；在对建设工程开展智慧化服务工作中，需要制订监理智慧化实施方案，并应当遵循以下原则：

（1）降本增效的原则；

（2）实用性和先进性原则；

（3）循序渐进持续发展的原则；

（4）开放性和通用性原则；

（5）安全可靠性原则。

监理智慧化服务的创新与实践需要决策层、管理层、技术应用层等各个层次的共同努力才能推动；并需要有一定的经济实力、技术水平、管理基础、人员素质，要求监理企业具有很强的内部控制能力。具体应注意以下几个方面：

（1）企业领导要统一思想，改变思维观念，要高度重视，果断决策。要实施监理服务智慧化，首先要解决的是企业领导层对监理开展智慧化服务的思想认识。监理智慧化服务是要打破传统的监理模式，是对企业传统的监理架构和业务流程的彻底改变。企业主要领导的高度重视和正确决策对监理智慧化服务是否能成功实施起着决定性的作用。

（2）增强监理智慧化服务意识、观念和思维，提高监理人员素质和智慧化服务水平。监理智慧化服务是对以往信息化采集方式的综合性整体改变，涉及企业所有业务领域，需要公司各部门人员共同参与。员工的素质、应用水平、参与程度直接影响着系统运行的好坏。在监理智慧化的实施过程中，必须做好全体员工的思想工作，做好开展监理智慧化服务系统操作方法和运用技能的演练、培训工作，为监理开展智慧化服务工作培养复合型人才。

（3）建立严格的智能信息化产品研发与运用制度，建立监理智慧化服务工作制度。在监理智慧化服务工作创新与实践中，势必会遇到原有信息管理习惯与工作习惯的阻碍，企业必须建立完善的规章制度来保障监理智慧化服务工作的顺利开展。信息数据标准化、业务流程规范化是实现监理智慧化的基础，而严格、配套的研发制度、运用推广制度、开展智慧化监理服务工作制度以及检查制度、考核奖罚制度等才是监理智慧化服务工作顺利实施的制度性保障。

第二章　信息化管理架构

一、信息化管理系统

2016年8月，永明项目管理有限公司结合我国建筑行业管理和信息技术发展现状，投资成立了陕西合友网络科技公司，并开发了建筑行业智能信息化管控公共云服务平台——筑术云。

筑术云智能信息化管控平台的整体技术解决方案和架构是利用公共云服务技术和互联网而达成的。它有一个云数据组成中心，并与阿里云合作，位于阿里总部杭州。云数据中心由数据库、数据库系统、数据库服务器、应用服务器、双服务器组成，承担了所有数据的存储、计算、运行、处理、安全等功能。在建筑行业使用筑术云的用户，可利用互联网任意连接电脑、手机、平板、大屏等，通过浏览器登录进入云数据中心，共享云数据中心的数据资源。

筑术云包括了一个中心（信息指挥中心）、五大系统：移动协同办公系统、移动远程视频监控系统、移动多功能视频会议系统、移动专家在线系统、移动项目信息管理系统，总共由230个模块组成。筑术云五大系统具有共享功能，设计和解决方案简单、通用，通过浏览器登录注册，使用顺畅。筑术云五大系统配置具有全方位支持、全天候管控、全过程留痕等智能信息化管理功能。

1.移动协同办公系统

移动协同办公系统。该系统集成多个不同功能的模块，能够满足建筑类企业和非建筑类企业、政府、医院、学校等办公使用，具备以下功能和要求：

（1）根据管理权限或工作需要随时授权；

（2）电脑、手机同时运行，互不影响；

（3）关联单位授权接入、分享、协同工作；

（4）电脑手机的手签功能，不管是文件还是报销，远程随时随地签批；

（5）各类审批流程任意设定、随时提醒；

003

（6）重要事项电脑手机提醒功能；

（7）能够与专业财务管理软件兼容；

（8）结合用户的实际，可进行充分的二次开发，专业定制；

（9）具备办公智能化系统的特点和优势。

2.网络视频会议系统

网络视频会议系统能够满足建立多点控制单元（MCU）和会议终端要求，通过企业专网或互联网搭建整套视频会议系统，并具备500方以上基本功能，满足公司全员参会要求。公司总部配置的独立式高性能（MCU）应满足媒体处理功能，达到多画面合成、双流、混音、码流适配等众多应用效果；应满足不能到固定会场参加会议的人员在不同地方、不同环境下通过电话或便携式终端接入系统参加会议。

网络视频会议系统模块应包括下列内容：①加入会议；②指定主讲人；③桌面共享；④邀请参会；⑤会议签到；⑥举手发言；⑦会议语音控制；⑧会议视频控制；⑨会议录像；⑩参会记录；⑪记事本；⑫会中文字交流群。

3.网络视频监控系统功能

（1）网络视频监控系统应涵盖远程视频信息服务平台、互联网终端、视频云存储服务等，融合语音、视频、共享、协作等功能，应具有视频会议、集中培训、功能演示、实时监管、远程服务、单点交流、数据储存等多项功能，可通过控制云平台让摄像机进行不同程度调焦，不同方向移动，满足企业通过远程监控系统实施三级管理功能。

（2）网络视频监控系统应满足使用手机、电脑、大屏等网络设备进行多画面同时查看。网络视频监控系统应满足管理人员通过语音通话功能随时随地组织召开视频会议。公司在项目监理信息化管理运行过程中，通过远程网络视频系统实时参加现场监理人员组织的监理例会和质量、安全、进度专题会议，实现公司与项目监理部、公司与业主及施工等参建方的零距离沟通。

（3）网络视频监控系统应通过"云平台控制"功能，实现对施工现场不同作业面、不同角度的查看。对施工现场质量问题、安全隐患、扬尘治理问题远程管控，对现场监理人员履职情况，应通过远程网络视频监控系统实时进行远程管控。

（4）网络视频监控系统移动侦测的录制体系，应满足视频信息资料的云端保存和使用，云端保存的所有信息资料、数据可实现永久保存，并保证信息数据安全。网络视频监控系统应具有信息云存储海量并进行扩容功能，为信息数据的存储提供无量级限制的存储空间。

（5）网络视频监控系统模块应包括下列内容：①远程视频观看；②多画面窗口切换；③云台控制；④拍照录像；⑤历史视频回放；⑥移动侦测；⑦清晰度切换；⑧语音对讲；⑨视频分享。

4.项目信息管理系统（信息化管理平台）

项目信息管理系统模块应包括下列内容：

（1）项目信息管理系统网络结构

系统采用基于Internet的网络结构，以建设单位的项目信息管理为核心，由多个参与单位协同工作，完成工程实施过程的信息收集、整理、储存、传递与应用，满足信息沟通的效率和质量要求，符合工程管理的相关要求。

项目信息管理系统应满足建设单位对工程信息的实时掌控，了解工程进展情况，为快速准确地作出决策提供信息支持；监理单位作为信息系统的主要管理单位，负责信息的收集、整理与维护；施工单位等参建单位根据需要参与该系统，并对项目施工现场实施信息化管理。最终实现各方的协同管理、智能管理和信息共享。

（2）项目信息化管理系统运用模式

项目信息化管理系统应以建设单位的项目信息管理为核心，符合多项目信息管理要求的集成化工程管理信息平台。一方面，系统应以单个工程项目为中心，为多个参与单位提供多方协同工作的信息平台，实现多方线上进行投资、进度、质量、合同、文档等信息管理，实现线上工程计量和支付管理，提高项目多个参建方的信息沟通效率和质量，提高信息管理的规范化、标准化。另一方面，系统应满足以多个项目为中心，提供一个多项目管理和视频监控的信息平台，实现线上处理工程建设过程中大量的新闻、通知、投资、质量、进度、安全、合同、变更等信息，为决策层提供异地实时了解和监控项目建设实施情况的信息平台，为其做出快速准确的决策提供信息支持，为其他项目参与方提供异地协同管理平台，提高信息传递效率。

系统应设置三级用户：系统管理员、项目管理员、普通用户。系统管理员负责整个工程管理信息系统的初始化设置、系统维护和管理；项目管理员负责某个具体项目的信息维护与管理，通常指定一位监理单位的人员担任项目管理员；普通用户包括项目参建各方。

5.移动专家在线系统

移动专家在线系统应为项目部和技术专家搭建一条高速、便捷的信息沟通渠道，整合房建、市政、水利水电、轨道交通、公路、桥梁、石油化工等各个领域的技术专家，依托移动互联网，让一线工作人员在工程中遇到的问题能得到快速和准确的解答。

移动专家在线系统应满足项目全过程资料的编制、上传、审批，优化专家在线资料编制、审批流程，实现平台自动派单，智能水印加密、存储功能，具有不可篡改性。在线专家对项目部资料的线上评审应符合规范化、标准化要求，应设置专人收集所有信息资料进入知识库，为建立大数据库提供大量信息数据支持。

移动专家在线系统的线下服务应为线上咨询服务提供有力的补充。移动专家在线系统应满足项目部监理人员申请在线专家前往项目部开展信息交流会议，在线专家应为项目信息管理难题提出高效的解决方案。

二、 企业内部信息管理功能模块

（一）企业网站及自动化办公管理模块应通过官方网站实现企业对外宣传，同时通过网站内部管理维护外部网站数据，控制企业网站信息的显示，保持网站信息的及时更新。通过办公自动化实现企业内部各部门日常办公时内部信息的沟通，包括发文、收文、新闻、公告等子模块。建立公司员工相互学习、答疑解惑的平台，以实现建设学习型企业的目的。

（二）人力资源信息管理功能模块应包括人才招聘管理、员工档案管理、薪酬福利管理、考勤管理、人事管理、劳动合同管理、薪资管理、执业资格考试与注册管理、培训管理、绩效管理等。

（三）公司档案资料管理功能模块应结合档案资料管理的有关规定，具备档案分类目录建立、各类文档资料录入、项目档案归档、档案查询、资料借阅管理等功能。

（四）知识库建立与管理功能模块应对监理、造价、代理、全过程工程咨询相关的法律法规、政策文件、公司的规章制度、标准规范、标准图集、技术资料、合同范本、工程造价、材料设备等信息进行收集汇总。知识库应实现知识采集、知识传递、知识应用、知识创新、教育培训、效益分析和知识产权保护等功能，为公司和项目日常管理提供支持、借鉴和参考。同时，在收集、整理公司各项目监理技术资料的基础上，形成公司的规范化文件及作业指导文件（包括各类监理项目监理工作分解模板及监理文档标准模板），用于监理项目工作成果的快速复制、有效规范项目监理部的工作。

（五）公司财务管理功能模块应实现公司日常会计核算和财务管理工作，编制收支计划，定期进行各项成本核算，监督费用支出，以及税收筹划工作。

（六）经营信息管理模块应实现公司在经营活动中的相关信息的收集、管理；

包括投标信息收集与管理、客户信息收集与管理、经营风险评估的管理及合同签订的管理等。

（七）决策指挥中心主要功能模块应满足以下功能要求：

（1）通过后台视频监控指挥中心系统，对项目监理过程中的动态情况进行跟踪巡查，实施三级管理。

（2）公司领导能够通过后台视频监控指挥中心系统，对各个监理项目及项目监理人员履职情况、项目实体的质量与安全情况、合同、进度、造价情况进行跟踪和查询，为项目管理及时做出决策。

（3）点击进入在建监理项目后，可以查看项目的详细信息，项目施工现场实况，也可以查看历史视频；如果项目配备无人机，则可以远程指挥项目监理人员进行无人机推流，实时了解项目现场整体施工状况。远程指挥项目监理人员进行无人机推流，事先应与项目监理人员取得联系。

（八）手机APP信息主要功能模块应满足以下功能需要：

（1）下载手机APP，输入账号密码登录成功之后，可以在工作页面查看流程信息和通知公告。

（2）项目监理人员的资料可以进行语音编辑输入。

（3）可以显示查看在建项目总数及具体项目监理情况。

（4）进入个人指挥系统，可以精确搜索项目，查看项目现场监控视频，检查项目人员履职情况。与现场人员视频连线，查看项目现场施工状态、监理资料编制、上传、收存情况。

（5）使用手机APP参加视频会议，进入会议视听，也可作为主讲人举办会议。主讲人可对参会人员进行点名签到，也可以语音视频对话；必要时，参会人员应设置静音状态，参会人员可以实时录制视频。

三、项目信息管理功能模块

1.质量控制模块

质量控制模块应包括以下内容：

（1）质量控制的依据；质量控制的程序；工程勘察设计阶段质量管理；工程勘察质量管理；工程设计质量管理。

（2）施工准备阶段质量控制：图纸会审与设计交底、施工组织设计审查、施工方案审查、现场施工准备质量控制。

（3）工程施工过程质量控制：巡视与旁站、见证取样与平行检验、监理通知单、工程暂停令、工程复工令的签发、工程设计变更的控制、质量记录资料的管理。

（4）建设工程施工质量验收：工程施工质量验收层次划分、单位工程的划分、分部工程的划分、分项工程的划分、检验批的划分、工程施工质量验收程序和标准、工程施工质量验收基本规定、检验批质量验收、隐蔽工程质量验收、分项工程质量验收、分部工程质量验收、单位工程质量验收、工程施工质量验收不符合要求的处理、质量事故处理、工程保修阶段质量管理。

2. 进度控制模块

进度控制模块应包括以下内容：

（1）进度控制原则、进度控制目标、进度控制内容、进度控制任务、进度控制流程、进度控制方法、进度控制措施、物资供应进度控制措施。

（2）进度控制模块还包括里程碑计划制订；施工总进度计划审批；月/周进度计划审批；通过施工现场实时画面对实际进度计划进行核查、分析、预警与纠偏等。

3. 投资控制模块

投资控制模块应包括以下内容：

（1）建设工程设计阶段的投资控制：资金时间价值、现金流量、资金时间价值的计算、方案经济评价的主要方法、方案经济评价的主要指标、方案经济评价主要指标的计算、设计方案评选、设计方案评选的内容、设计方案评选的方法、价值工程、价值工程方法、价值工程的应用、设计概算的编制与审查、设计概算的内容和编制依据、设计概算编制办法、设计概算的审查、施工图预算的编制与审查、施工图预算概述、施工图预算的编制内容、施工图预算的编制依据、施工图预算的编制方法、施工图预算的审查内容与审查方法。

（2）建设工程招标阶段的投资控制：招标控制价编制、工程量清单概述、工程量清单编制、工程量清单计价、招标控制价及确定方法、投标报价的审核、投标价格的编制、投标报价审核方法、合同价款约定、合同价格分类、合同价款约定内容。

（3）建设工程施工阶段的投资控制：施工阶段投资目标控制、投资控制的工作流程、资金使用计划的编制、工程计量、工程计量的依据、单价合同的计量、总价合同的计量、合同价款调整、合同价款应当调整的事项及调整程序、法律法规变化、项目特征、工程量清单、工程量偏差、计日工、物价变化、不可抗力、工程变更价款的确定、工程变更处理程序、工程变更价款的确定方法、施工索赔与现场签证、索赔的主要类型、索赔费用的计算、现场签证、合同价款期中支付、安全文明施工费、进度款支付。

（4）建设工程竣工验收阶段的投资控制：竣工结算与支付、竣工结算编制、竣工结算的程序、竣工结算的审查、竣工结算款支付、质量保证金、最终结算、投资偏差分析。

4.合同管理模块

合同管理模块应包括以下内容：

（1）建设工程勘察、设计合同履行管理；施工准备阶段的合同管理。

（2）发包人的义务、承包人的义务、监理人的职责。

（3）施工阶段的合同管理：合同履行涉及的几个时间期限、施工进度管理、施工质量管理、工程款支付管理、施工安全管理、变更管理、不可抗力、索赔管理、违约责任。

5.安全管理模块

安全管理模块应包括以下内容：

（1）安全监督管理目标、安全监督管理内容、施工阶段安全监理控制流程、安全监督管理方法、安全监督管理措施、危大工程安全监督管理措施、环境职业健康安全管理、文明施工监督管理措施、治污减霾与扬尘治理监督管理、消防安全监督管理措施、生产安全事故应急预案。

（2）安全管理模块还包括安全监理细则（危险性较大分部分项工程安全监理细则）的编制及报审、施工安全生产管理体系审查、施工组织设计中安全相关内容与安全专项施工方案的审查、安全文明施工措施费使用计划、大型机械设备管理、日常安全与文明施工的巡视与检查、安全事故处理信息等。

四、 监理智慧化服务工作评估

1.监理智慧化服务工作评估目的

为提升监理智慧化服务水平，检验筑术云信息化产品应用效果和监理智慧化服务成果，应成立监理智慧化服务评估专家组，开展对监理智慧化服务评估工作。

2.评估机构建立

监理智慧化服务评估专家组由信息技术专家3名、监理专业技术人员3名和主管领导1名共7名组成，专家组中的专家不低于3名，专家组中的成员不低于5名。

3.评估内容

（1）对监理智能信息化产品—筑术云五大系统（移动协同办公系统、移动远程视频监控系统、移动多功能视频会议系统、移动专家在线系统、移动项目信息管理系统）在行业的应用效果进行评估。

（2）对项目管理服务平台的建立、监理智慧化服务工作的能力、企业信息化管理水平、智慧监理培训、新兴技术的应用等所取得的成果进行评估。

（3）对智慧化服务环境的评估包括以下内容：

1）明确智慧化服务在组织中的定位（企业的重要战略资源、企业科学管理的重要手段、企业实现综合效益最大化的重要途径）。

2）智慧化服务组织机构是否科学合理，是否需要对管理或服务流程进行再造。

3）各级岗位分工、职责、工作标准是否明确，是否科学合理，能否胜任岗位职责；服务是否实行量化管理，量化是否科学合理。

4）各级管理者（用户）是否已熟练掌握筑术云信息系统的操作使用，为系统输入的数据内容、时间、方式、要求是否明确，基础数据标准是否统一。

5）筑术云信息系统管理维护技术人员队伍（信息系统运行维护管理人员、数据库管理员、系统分析员、应运程序员）的配置是否合理；分工、职责、工作标准是否明确，能否胜任本职工作。

6）筑术云信息系统硬件平台结构是否合理，运行是否稳定。

7）各类管理软件是否切合本企业的管理和生产实际，数据库数学模型是否科学合理。

8）信息共享与授权分享设计是否科学、系统整体安全措施是否到位、有效。

4. 评估标准

应达到或满足下列要求：

（1）系统运行是否集成化；

（2）资源配置是否合理化；

（3）决策管理是否科学化；

（4）业务流程是否规范化；

（5）过程管理是否及时化；

（6）综合效益是否最大化。

只有客户满意，社会认可，才具有显著的经济效益和可持续性发展。

第三章　智能信息化产品应用

陕西合友网络科技公司，为科学配置研发队伍，聘请了资深信息技术与管理专家、软件开发工程师、产品工程师、测试工程师、运维工程师、架构工程师等一批专业人才。团队采用"结果导向、目标管理、OKR管控、U币激励"进行管理。经过四年多时间的不懈努力，先后研发了移动指挥与服务中心、移动OA系统、移动工程业务管理系统、移动专家在线系统、移动多功能视频会议系统、移动实时视频监管系统，筑术云管控平台集成化多功能模块，在永明项目管理公司招标、造价、监理、全过程咨询四大业务板块进行了全方位应用，并发挥了积极作用，同时也对筑术云管控平台一个中心、五大系统进行了全面系统地实际检验，研发团队根据实际应用情况以及建筑行业和信息化技术的发展变化，反复进行了优化完善和升级，目前已在建设监理行业应用推广。筑术云管控平台整体优势和主要特点如下：

1.技术尖端、架构宏大

筑术云管控平台的核心技术是应用了4.0时代的宠儿—公共云服务。公共云服务技术较传统的私有云服务，可以使用户（使用者）省去前期总体规划、硬件平台建设、应用软件采购、机房建设与管理、软件二次开发、系统整体维护与管理、保障信息安全等诸多工作，5G技术的成熟与应用具有诸多的优点，更可使公共云服务如虎添翼。筑术云管控平台整体技术方案应用了信息化时代的两大尖端技术，即：移动互联网+云端大数据，实现了一个中心、五大系统的全交互配置、全方位支持、全天候管控、全过程留痕、全链条受益；同时，在筑术云管控平台整体架构设计时，就以服务建筑全过程各企业和各业务为出发点和落脚点，平台整体架构宏大。

2.操作简单、使用方便

筑术云管控平台的开发与建设在确保技术尖端、架构宏大的同时，想用户所想，在操作使用上力求简单方便。所有用户（使用者）只需利用与互联网相连的电脑、手机、大屏等终端设备，通过浏览器登录进入筑术云数据中心，就可以使用筑术云管控平台一个中心、五大系统的所有功能，并读取数据库当中的数据，共享云数据中心的数据资源，对企业和项目进行远程信息化全天候实时管控。

3.阿里存储、安全稳定

站在巨人肩膀上做事，要比把自己培养成巨人省事得多，永明项目管理公司与阿里合作，托管主服务器双机热备，数据的存储、交换、安全由阿里云负责，在阿里总部杭州和西安丝路分部分别设立主、副存储服务器，实行双机热备份，确保系统运行的稳定、安全、可靠。

二、登录

1.登录方式

筑术云信息化智能管控服务平台的登录方式有以下两种：

（1）官网登录

进入浏览器，在搜索框搜索永明项目管理有限公司，进入公司官网首页。

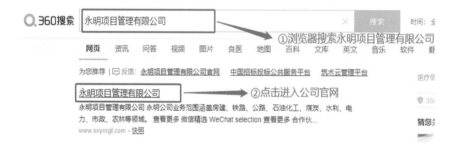

点击官网首页右上角的筑术云综合服务管理平台（见下图）。

进入筑术云界面（见下图）。

（2）网址登录

在浏览器网址输入框中输入www.zhushucloud.com，点击回车，直接进入筑术云界面，与官网进入相同，然后点击右上角登录。

进入登录界面，见下图，默认初始账号为姓名，初始密码为：abc123。

（注：如有重名，初始账号会另行通知，未通知则默认为姓名）

2.登录页面

登录成功后，首页面如下图所示，主页面包括项目管理系统的"我的项目"、协同办公系统的"综合办公"、专家在线、快速开始/便捷导航、通知公告、我的费用、我的问答、知识库和资料库。

在"我的项目"中可以看到自己所在项目的名称，图中所示的红色方框中的【查看更多】，点击之后会跳转到对应的系统中去。

快速开始/便捷导航，可以添加自己常用的模块。

第一步，点击【快速添加】。

第二步，在弹出的页面左侧选中所需要的模块，点击中间蓝色到右边按钮，点击【确定】即可。

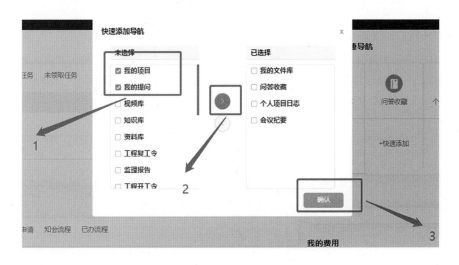

3.资料补充与密码修改

（1）个人资料补充

点击右上角灰色图标，点击【个人资料】。

补充完善个人资料信息，点击【保存】。

基本信息

昵称*： 开
手机号码*： 15 1
电子邮箱*： 此处输入您的邮箱
您的性别： ◉先生 ○女士
个人简介： 个人简介

返回 保存

（2）密码修改

为了保证数据信息安全，我们还需要进行密码修改。在个人资料补充完整之后，同样的位置点击【修改密码】，输入【当前密码】、【新密码】，再次确认密码，然后点击【保存】，密码就修改完成。点击左上角的筑术云就可以退出当前页面。

个人资料　修改密码

当前密码*： 此处输入您当前的密码
新密码*： 新密码
再次输入密码*： 此处再次输入您的新密码

返回 保存

4. 系统使用注意事项

（1）推荐使用360浏览器。

（2）由于项目中电脑数量较少，很多人员需要在同一台电脑上登录账号，需要注意的是，在每次切换账号时，必须清理浏览器缓存。

清理方法：点击右上角【菜单】，选择清除上网痕迹。

在弹出界面中勾选所有选项，点击【立即清理】，然后再重新登录。

三、项目管理系统

在首页点击四叶草图标中的【项目管理】，进入项目管理系统。

项目管理系统的主界面如下图所示，左侧是五个子栏目，分别是首页、我的任务、我的项目、项目任务、个人中心。右上角的按钮可以直接退出项目管理系统。

1.个人中心

（1）我的日程

点击【个人中心】中的【我的日程】，可以添加日程，相当于手机备忘录，对自己的工作内容计划起到提醒备忘的作用。

监理智慧化服务创新与实践

在弹出的界面中，填写日志标题，选择日志的紧急程度，选择开始时间和结束时间，将计划内容填入表中，点击【确定】，就添加了一个新的日程。

（2）通讯录

点击【个人中心】中的【通讯录】，其中有两部分，分别是通讯录和项目组。通讯录中是与个人相关的人员通信信息。

项目组是项目所有人员的联系方式。因为刚进项目便需要直接开始工作，但项目人员彼此之间还不熟悉，可以通过项目组查看项目人员的岗位以及电话信息。

2. 我的项目

（1）未生成项目

当项目在协同办公系统中完成合同登记后，就会在项目管理系统【我的项目】中的【未生成项目】中出现一条项目信息，然后点击项目右侧的【生成项目】。

点击生成项目后，进入如下页面。第一步需要填写项目信息。其中合同编号、项目名称都是由合同登记中的信息自动带入进来。将所有项目信息完善，其中需要注意，项目隶属必须填写准确，便于项目管理，完成之后点击【下一步】。

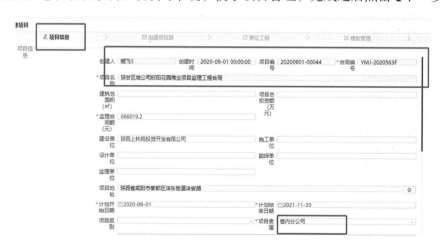

进入组建项目部页面，所有红色星号标记的都是必填项。是否考勤一般选择"是"，便于项目管理。在右侧有一个第三方成员和项目成员。

假如有甲方等需要查看项目信息，需要添加第三方成员，点击之后为如下页面，填写企业信息，点击确定按钮。

比较常用的是项目人员，需要将项目中所有人员都添加到项目中，才可以在筑术云里进行项目相关工作。点击【项目人员】，进入如下页面。

其中备选人员4217个，这是所有在筑术云系统中申请过账号的人员；第一步在左侧选中本项目人员，也可以在搜索框中勾选选中；第二步点击【到右边】；第三步点击【确定】。

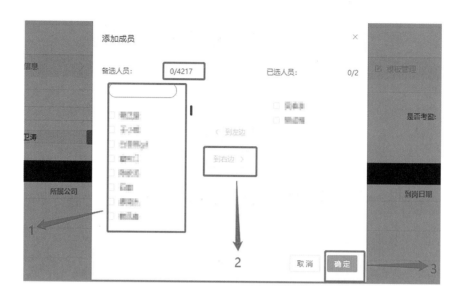

添加成功后页面如下图所示。右边有一个删除按钮，如果项目中有人员离职或者是调到其他项目部的情况，可以直接点击【删除】，将此人移除本项目。可以看到添加的人员岗位职责都是空白的，这时就需要对人员进行岗位编辑，因为系统会根据岗位分配不同的任务。

点击【岗位编辑】，见下图，一个人若是身兼多职，也可以选中多个岗位。选中之后点击【确定】，点击【下一步】。

完成之后进入单位工程，需要选择【项目开始模板】和【项目结束模板】，文档资料汇总根据项目需求进行选择，也可以新增一个单位工程。

点击【新增】后，弹出如下页面，填写完整的单位工程信息之后，点击【确定】。

新增成功的单位模板如下图所示，需要注意的是，新增的单位工程也必须选择项目模板。完成之后点击【下一步】。

进入模板管理，可以看到左侧有许多模块信息，如果在单位工程中没有选择模板，这里就不会有这些子项。在模板管理中的任务按岗位分配，如下图所示，此项任务分配给了资料员、监理员、专业工程监理工程师和总监理工程师。

在生成项目界面，对原有的信息进行检查，右下角有两个按钮，一个是【生成项目】，另一个是【生成并开始】。如果点击【生成项目】，则这条信息会出现在【我的项目】中的【未开始项目】中；如果点击【生成并开始】，则会出现在【进行中项目】。

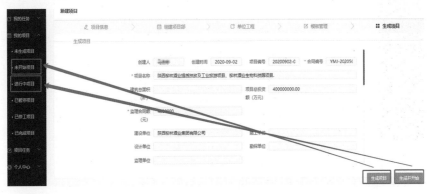

（2）未开始项目

点击【我的项目】中的【未开始项目】，就进入【未开始项目】页面。

（3）进行中项目

在项目中任职，便可在【我的项目】中的【进行中项目】查看到相应的项目信息。项目右侧有三个按钮，分别是日常工作、查看项目和编辑项目。

点击【日常工作】后，会直接跳转到【我的任务】中的【日常工作】，如下图所示，这个在后面【我的任务】中再具体介绍。

点击【查看项目】，会看到以下信息。其中项目概览、项目人员、单位工程和任务详情都是在生成项目时填写的内容信息。

项目进度需要自己添加。

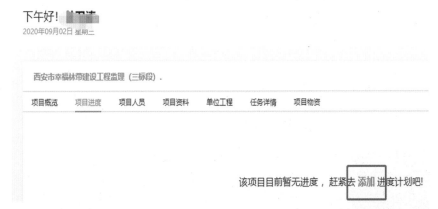

项目资料包括项目附件和归档资料，其中归档资料是在系统中将所有提交的资料审核完成归档后，便可在此处查看。

项目物资可以对项目上的物资信息进行领用、登记管理。

早上好！
2020年09月03日 星期四

西安市幸福林带建设工程监理 (三标段) .

项目概览   项目进度   项目人员   项目资料   单位工程   任务详情   项目物资

分类名称：   分类编码：   查询   重置

新增   物品管理

名称	编码	顺序	操作
钢卷尺	009	9	编辑 删除

点击【编辑】项目。编辑项目只能由总监进行编辑，包括项目信息的完善、项目成员和单位工程的增删等。在编辑项目中，项目模板已生成，不能进行模板修改。

（4）已暂停项目

点击【我的项目】中的【已暂停项目】，进入已暂停项目页面。

（5）已停工项目

点击【我的项目】中的【已停工项目】，进入已停工项目页面。

（6）已完成项目

点击【我的项目】中的【已完成项目】，进入已完成项目页面。

监理智慧化服务创新与实践

3.项目任务

项目任务是模板任务，根据项目模板中的岗位进行自动分配。

（1）未领取任务

点击【项目任务】中的【未领取任务】，进入未领取任务页面。

（2）进行中任务

点击【项目任务】中的【进行中任务】，进入到进行中任务页面。

任务名称	单位工程名称	项目类型	责任人	任务属性	时间周期(天)	状态	操作
路基处理施工		工程监理		普通任务	50	进行中	查看
土方路基施工		工程监理		普通任务	50	进行中已超时	查看 分配
杨家庄八号线C-4...		工程监理	专业工程监理工...	普通任务		进行中已超时	查看 分配
筑木云资料上传		工程监理		普通任务		进行中已超时	查看 分配
料石面层		工程监理		普通任务	30	进行中	查看

（3）已超时任务

点击【项目任务】中的【已超时任务】，进入已超时任务界面，总监可以对已超时任务进行重新分配。

（4）已完成任务

点击【项目任务】中的【已完成任务】，进入已完成任务界面，可以查看已完成项目。

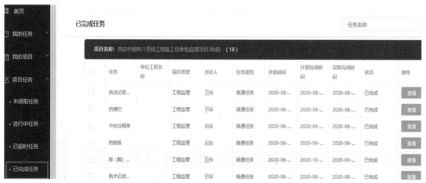

（5）已送审任务

点击【项目任务】中的【已送审任务】，进入已送审任务界面。

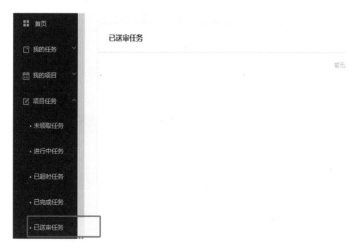

4.我的任务

我的任务是模板任务+总监分配。

（1）我发起任务

点击【我的任务】中的【我发起任务】，选中项目后，可以进行发起任务。不仅总监可以在此发起任务，项目中所有人员均可以发起，起到一个留痕和便捷的作用。

第一步，点击【发起任务】。

第二步，在弹出页面，填写完整内容，负责人可以直接进行搜索，点击确定后，任务就发起成功，负责人就可以在未领取任务中进行领取。

（2）未领取任务

点击【我的任务】中的【未领取任务】，可以直接领取任务。

（3）进行中任务

领取任务后，任务就会在【进行中任务】显示，点击【我的任务】中的【进行中任务】。

（4）已完成任务

任务完成后，会显示在【已完成任务】中，点击【我的任务】中的【已完成任务】，可以查看任务详情。

（5）已送审任务

点击【我的任务】中的【已送审任务】，进入已送审任务界面。

（6）日常工作

点击【我的任务】中的【日常工作】，也可以在进行任务中点击【日常工作】进入此页面，新申请的账号信息登录之后只有一个加号。

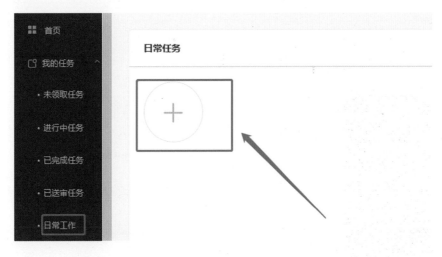

点击【加号】后，在弹出的页面左侧选择自己常用的日常工作，点击【到右边】，点击【确定】。

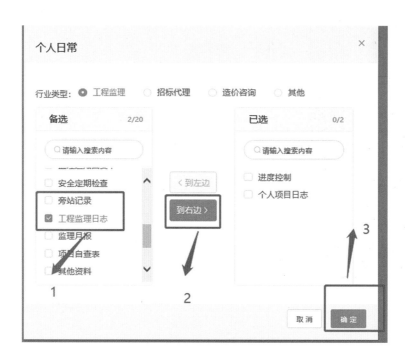

添加成功后页面如下图所示。上传资料以工程监理日志为例，点击【工程监理日志】。

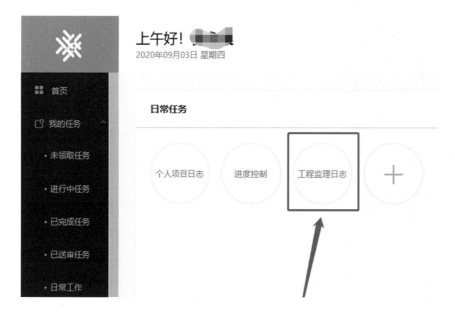

此处会显示之前上传过的资料，如果状态是未送审，则可以编辑，可以删除，审核中及已完成则只能查看，被驳回的文件可以在此处编辑，也可以重新上传，点击右上角添加。

工程名称	提交人	提交时间	日志编号	记录人	记录日期	总监/总监代表	状态	操作
向阳沟公租房...		2020-07-13 ...	YM20200713		2020-07-13		未送审	文件 复制 编辑 查看 删除
向阳沟公租房...		2020-07-12 ...	YM20200712		2020-07-12		审核中	文件 复制 查看
向阳沟公租房...		2020-07-10 ...	YM20200710		2020-07-10		已驳回	文件 复制 编辑 查看
向阳沟公租房...		2020-07-09 ...	YM20200709		2020-07-09		审核通过	文件 复制 查看
向阳沟公租房...		2020-07-08 ...	YM20200708		2020-07-08		审核通过	文件 复制 查看
向阳沟公租房...		2020-07-08 ...	YM20200707		2020-07-07		审核通过	文件 复制 查看
向阳沟公租房...		2020-07-06 ...	YM20200706		2020-07-06		审核通过	文件 复制 查看
向阳沟公租房...		2020-07-05 ...	YM20200705		2020-07-05		审核通过	文件 复制 查看
向阳沟公租房...		2020-07-03 ...	YM20200703		2020-07-03		审核通过	文件 复制 查看

弹出如下页面，其中所有带红色星号的都是必填项。

工程监理日志　　　　　　　　　查看资料　×

项目名称　　　　　项目编号　　　　　单位工程：
大V　　　　　　　20200413-000005　　111

*工程名称
监理日志中的工程名称

提交人　　　提交时间　　　*日志编号

*记录人　　*记录日期　　*星期（请输入：一、二…日）　　*总监/总监代表
　　　　　　　　　　　　四

*天气、风级　　　　　*气温

*监理人员动态

填写完成之后，最下面有三个选项按钮。

其中【取消】则填写内容不保存。

由于项目中会出现很多不确定因素，有时填写一半需要临时外出，而系统为了保障安全性，15分钟后，如没有任何操作则会自动退出系统，所以需要点击【保存】，再次回来还可以继续填写。

如果点击【送审】后，则会自动跳转到专家在线系统，如下页面。其中项目名称会自动带出，资料目录需要根据自己所上传的资料类型选择准确。所有内容填写完成后提交，便会到总监的专家在线系统中，由总监进行审核，总监审核完成后会有平台专家进行二次审核。

监理智慧化服务创新与实践

专家在线系统首页如下图，包括左面的模块以及右上角的三个模块。

1.提问

点击右上角【提问】，可以在此处对项目中所遇到的疑难问题进行提问。

弹出如下页面，填写问题分类、问题标题、描述清楚问题，点击【提交问题】即可。

提交之后，可以在【直问】中的【我的提问】查看问题状态及解答情况。

2.发布委托

点击右上角【发布委托】，可以委托别人完成一些工作。后期可能会加入收费系统。

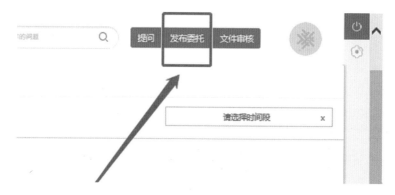

在弹出的界面填写完整的委托内容，上传附件，点击【提交问题】即可。

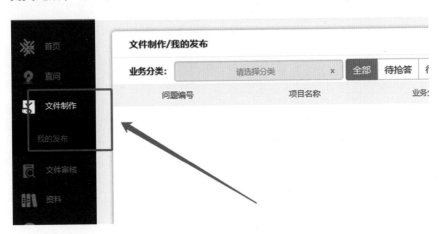

发布委托
描述精确的问题更易得到解答

业务分类*   请选择 ▾   请选择 ▾   请选择 ▾
项目名称   请选择项目
备注*   H B Ti 𝓕 I U S 🖉 ✐ 𝒮 ⸖ ☰ ☷ 🖼

上传附件   ⬆ 上传文件 支持扩展名: .doc,.docx,.pdf,.jpg...

提交问题   取消问题

提交之后，可以在【文件制作】中的【我的发布】查看委托状态及完成情况。

文件制作/我的发布

业务分类: 请选择分类   x   全部 待抢答 行

问题编号   项目名称   业务分

※ 首页
♀ 直问
文件制作
　我的发布
🔍 文件审核
📚 资料

3.文件审核

点击右上角【文件审核】，可以上传需审核的文件。

点击之后弹出如下页面，选择业务分类、项目名称以及资料目录。其中需要注意的是，文件审核只能上传三类文件和一项细则，包括监理规划、评估报告、监理工作总结以及监理实施细则，并且只能由总监上传。

提交的所有文件在【文件审核】中的【我的提交】查看。问题状态显示审核的进展状态，如下页面，当资料显示被驳回时，就可以点击编号查看。

点击编号后，可以看到每一级审批的状态以及被驳回时给出的驳回意见。

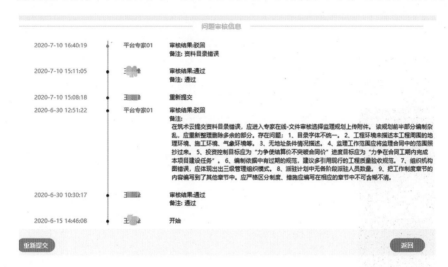

查看完原因后，返回点击附件列表，将附件下载之后，按专家意见修改，然后点击重新提交。

第三章　智能信息化产品应用

点击重新提交后，弹出如下页面，删除原有文档，上传修改完成的资料，重新提交。所有资料在哪上传，就在哪修改。

【文件管理】中的【我的审核】只有总监具备权限，项目其他人员没有权限。总监可以在此对上传的资料进行审批。

4.资料

【资料】里面包括资料库、知识库、视频库，包含了行业、企业的一些技术文件，可以点击进行学习。

点击【资料】后，可以下载到本地，也可以收藏。

5.我的

（1）我的创作

可以在这里自己创作视频库、知识库和资料库里的内容。点击【新建发布】。

弹出如下页面，就可以在此处发布上传资料。

（2）我的项目

【我的】项目包括自己所在项目的详细信息。

点击进入项目后，可以查看项目的具体信息。

（3）我的文件库

【我的文件库】中包含所在项目的上传资料。

（4）我的收藏

【我的收藏】中包含自己收藏过的一些资料视频等内容。

五、协同办公系统

1.首页

进入协同办公系统，会弹出重要通知框，这里是每日最新发布的通知公告内容；右下角有待办流程及未读邮件提醒，电脑设备有声音的话，还会出现语音播报提醒。

协同办公系统首页如下图，点击绿色按钮，会出现八个入口，可以点击入口进入对应模块中，其中蓝色图标可以直接点击进入，如果图标是灰色，则说明没有该模块的权限。

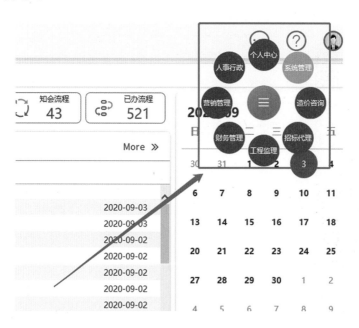

我的待办：包括了所有需要自己进行办理的流程；上传文件如果被主管领导驳回，也会在我的待办中出现。

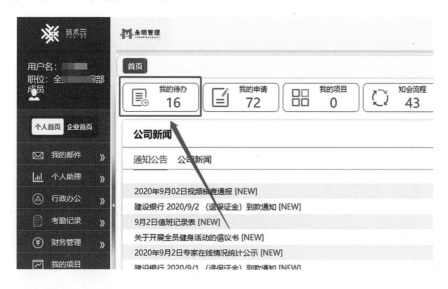

点击【我的待办】，页面如下图，显示所有待办流程；如果是三类文件，则会在括号内显示云问。

第三章　智能信息化产品应用

我的申请：包括了所有申请流程。

我的项目：所在项目的地图信息。

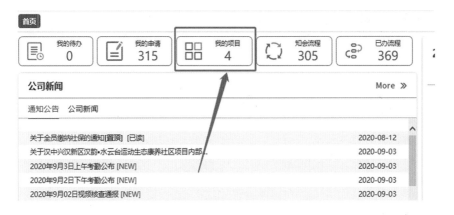

点击页面显示如下图。

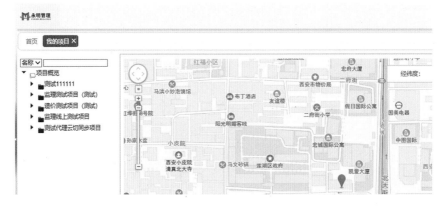

知会流程：所办理流程需要通知到某个人，则需对他进行知会，会在知会流程中显示。

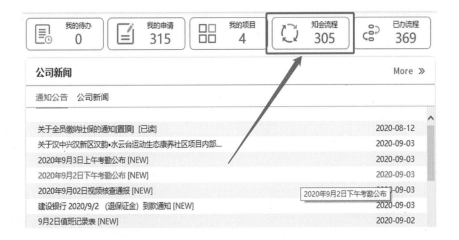

已办流程：所有办理成功的流程。

通知公告：每日工作的第一件事，就是需要进入协同办公系统，查看通知公告，公告里包括公司的最新制度、对项目情况的通报、奖惩信息等；也可以点击【More】查看历史公告。

点击【More】之后，查看历史公告，也可以精确查询。

2.个人中心

点击【个人中心】，进入个人中心页面，左侧为个人中心的子模块。

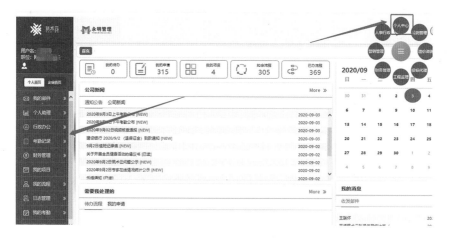

（1）我的邮件

点击【我的邮件】，可以显示所有收件信息和已发送信息，也可以进行精确
搜索。

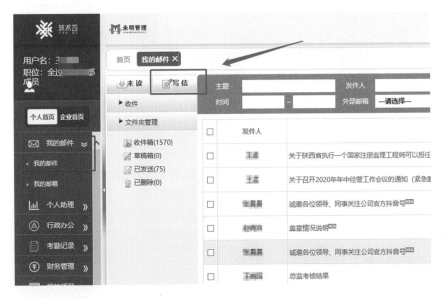

点击【写信】，和手机或者电脑上的邮箱使用方法类似，优点就是收件人和抄送人员可以进行选择。

点击【搜索】，可以在左侧选择需要发送的人员或部门，也可以在右侧搜索框内进行快捷查询；点击【确定】，填写完整邮件信息就可以点击发送。可以发送给一个或者多个人。

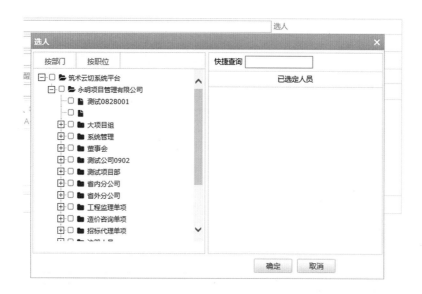

（2）个人助理

外出登记：点击【个人助理】中的【外出登记】，就可以查看到所有申请过的外出登记，点击右上角加号进行外出申请。

填写外出申请表单，右侧为申请流程的具体过程。

（3）行政办公

物品申领：点击【行政办公】中的【物品申领】，可以申领所需的办公用品，点击右上角添加申请。

填写物品申领表单。

车辆使用：点击【行政办公】中的【车辆使用】，点击右上角加号申请。

填写车辆使用申请表单。

会议申请：点击【行政办公】中的【会议申请】，预定会议室，点击右上角加号。

填写会议室预定表单。

举报投诉：点击【行政办公】中的【举报投诉】，点击右上角加号，可以进行举报投诉。

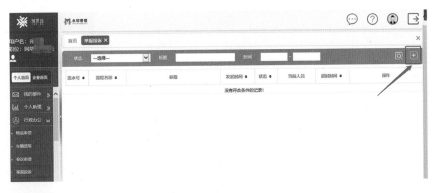

填写表单。

接待登记：点击【行政办公】中的【接待登记】，点击右上角加号。

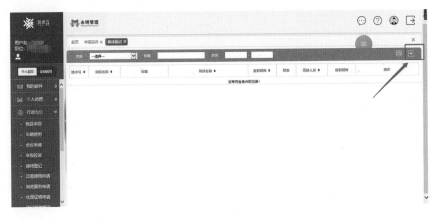

填写接待登记表单。

印章使用申请：点击【行政办公】中的【印章使用申请】，点击右上角加号，非项目部盖章在此处申请。

填写申请表单。

监理智慧化服务创新与实践

其他服务申请：点击【行政办公】中的【其他服务申请】，点击右上角加号。

填写申请表单。

社保证明申请：点击【行政办公】中的【社保证明申请】，点击右上角加号。

填写开具社保证明申请表单。

开具社保证明申请

申请人：	邦▇	申请人联系电话：	1▇▇▇1
所属部门：	永明项目管理有限公司▇部	申请时间：	2020-09-03 16:34
要求开具证明的单位名称：			*
需要开具证明的人员：			选
备注（原因说明）：			
附件：	上传文件		
下一步任务：	◎部门经理审批		◎人力资源部专员
任务执行人：	▇		史维娜

暂存　提交　取消

诉讼案件登记：点击【行政办公】中的【诉讼案件登记】，点击发起流程。

填写诉讼案件登记表单。

诉讼案件登记

案件名称：			*
立案时间：		*	开庭时间：		*
受理法院：			*
一审原告：		*	一审被告：		*
委托代理人：		*	申请人：	邦▇
一审情况：			*
二审情况：			
终审（判决）：			*
案件状态：	○结案　○未结案　*		
法务部审核：			
下一步任务：		◎法务部审核	
任务执行人：		祁▇	

暂存　提交　取消

（4）考勤记录

点击【考勤记录】，可以查看指定时间的考勤记录信息。

（5）财务管理

我的费用：点击【财务管理】中的【我的费用】，可查看借款、还款及报销情况详情。

借款申请：点击【财务管理】中的【借款申请】，点击右上角加号，可以申请借款。

填写借款申请表单。

还款申请：点击【财务管理】中的【还款申请】，点击右上角加号，对已结款项进行还款。

填写还款申请单。

费用报销：点击【财务管理】中的【费用报销】，点击右上角加号，进行报销申请。

填写费用报销申请表单。

（6）我的项目：与首页中"我的项目"相同，显示所在项目的位置信息。

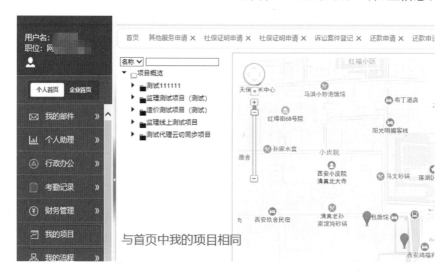

（7）日志管理

我的日志：点击【日志管理】中的【我的日志】，点击钢笔图样便可以填写每天日志信息。

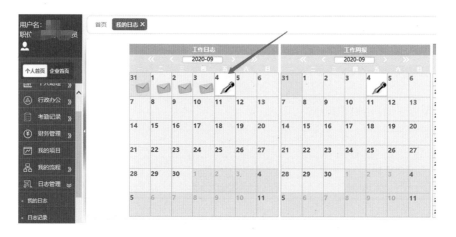

3.人事行政

人事行政也是比较常用的一个模块，其中较为常用的是以下几部分。

（1）行政—会议管理

预定会议室：点击【行政—会议管理】中的【预定会议室】，点击加号，可以对会议室进行预约，也可以看到已被预约的会议室。

填写表单。

（2）行政—文档中心

文档中心：点击【行政—文档中心】中的【文档中心】，可以查看所有部门的文档资料进行学习，如果没有权限，则联系对应部门，开通权限即可。

（3）通讯录

内部通讯录：点击【通讯录】中的【内部通讯录】，可以查看所有人员的联系方式。

4. 营销管理

营销管理主要是营销部对分公司的管理模块。

分公司成立申请：【分公司】→【分公司成立申请】→【发起流程】。

监理智慧化服务创新与实践

填写表单。

分公司成立申请

基本信息

流程编号：		分公司名称：	＊
申请人：		职位：	
申请时间：	2020-09-04 11:38		
三证合一证书：	○办理　○不办理　＊	下设分公司：	○是　○否　＊
承包费（万元）：	＊	经营保证金（万元）：	＊
注册地址：			＊
上级部门：	省内分公司 ∨ ＊		
所在省份：	＊	所在地市：	
协议截止时间：	＊	分公司负责人：	
准备开展业务：	□工程监理　□造价咨询　□招标代理		
介绍人姓名：	选	联系方式：	
与公司关系：			

负责人情况 ⊕ 导出

序号	负责人姓名	性别	联系电话	身份证号码	家庭住址
1		∨			

分公司信息变更：【分公司】→【分公司信息变更】→【发起流程】。

填写表单。

分公司信息变更

基本信息

流程编号:		分公司名称:	技术部
申请人:		所属公司:	永明项目管理有限公司
申请时间:	2020-09-04 11:41	申请人联系电话:	13███59
变更类型:	□负责人变更　□分公司名称变更　□分公司地址变更　□承包业务类型变更　□其他		
变更前年费（万元）:		变更后年费（万元）:	
是否涉及债券债务:	○是　　○否		
截止目前是否欠费并详细说明:			*
变更原因:			*
变更内容说明:			*
办理变更所需资料:			*

分公司注销申请：【分公司】→【分公司注销申请】→【发起流程】。

填写表单。

分公司注销申请

流程编号:		分公司名称:	选
申请注销时间:	2020-09-04		
申请人:		职位:	
分公司负责人:		联系电话:	
协议截止日期:		上级部门:	
再设分公司:	○是　○否　*	是否有在建项目:	○是　○否　*
业绩是否返还（原因）:			
注销分公司类型:	原始分公司 ∨　*	注销分公司名称:	*
目前承包业务类型:			
注销原因:			

申退经营保证金：【分公司】→【申退经营保证金】→【发起流程】。

填写表单。

5.财务管理

所有和财务相关的都在财务管理中使用。

（1）费用管理

借款申请：【费用管理】→【借款申请】→【发起流程】。

填写表单。

<table>
<tr><td colspan="4" align="center">借款申请</td></tr>
<tr><td>借款人：</td><td></td><td>所属部门：</td><td>西宁新城吾悦广场项目工程</td></tr>
<tr><td>申请时间：</td><td>2020-09-04</td><td>借款类型：</td><td>差旅（1个月） ▼ *</td></tr>
<tr><td>借款金额：</td><td>*</td><td>借款方式：</td><td>○现金 ○转账 *</td></tr>
<tr><td>申请单号：</td><td></td><td></td><td></td></tr>
<tr><td>使用时间：</td><td>*</td><td>预计还款时间：</td><td>*</td></tr>
<tr><td>附件信息：</td><td>上传文件</td><td></td><td></td></tr>
<tr><td>借款说明：</td><td colspan="3"></td></tr>
<tr><td colspan="4" align="center">账户信息</td></tr>
<tr><td colspan="4">温馨提示：如果你的借款特别着急，请关注你的流程审批过程，必要时换个打电话催促，直至款项到账为止。15:30以后到达出纳的借款流程需及时付款的请拨分机82至财务部王静</td></tr>
<tr><td>实付金额：</td><td></td><td>实付金额大写：</td><td></td></tr>
<tr><td>部门经理审核：</td><td colspan="3"></td></tr>
<tr><td>分管副总审核：</td><td colspan="3"></td></tr>
</table>

报销申请：【费用管理】→【报销申请】→【发起流程】。

填写表单。

<table>
<tr><td colspan="6" align="center">费用报销</td></tr>
<tr><td>报销人：</td><td>选</td><td>日期：</td><td>2020-09-04</td><td>部门：</td><td>西宁__项目工程</td></tr>
<tr><td>项目编号：</td><td></td><td>费用计入部门：</td><td>西__项目工程 选 *</td><td>负责人：</td><td>---请选择--- ▼ *</td></tr>
<tr><td>项目名称：</td><td colspan="4"></td><td>选</td></tr>
<tr><td colspan="5" align="center">费用报销明细</td><td>⊕ 导出</td></tr>
<tr><td>序号</td><td colspan="4" align="center">摘要</td><td>金额</td></tr>
<tr><td>1</td><td colspan="4"></td><td></td></tr>
<tr><td>2</td><td colspan="4"></td><td></td></tr>
<tr><td>3</td><td colspan="4"></td><td></td></tr>
<tr><td>4</td><td colspan="4"></td><td></td></tr>
<tr><td>5</td><td colspan="4"></td><td></td></tr>
<tr><td colspan="2">合计：</td><td colspan="2">冲销借款：</td><td colspan="2"></td></tr>
<tr><td colspan="6" align="center">付款信息</td></tr>
</table>

领款申请:【费用管理】→【领款申请】→【发起流程】。

填写表单。

费用预申请:【费用管理】→【费用预申请】→【发起流程】。

填写表单。

专家劳务费申请：【费用管理】→【专家劳务费申请】→【发起流程】。

填写表单。

（2）发票管理

发票开具登记：【发票管理】→【发票开具登记】→【发起流程】。

填写表单。

发票开具申请

流程编号:			
		申请信息	
申请人:		申请人联系电话:	15███████0 *
所属部门:	永明项目管理有限公司 ████████ 项目工程	申请时间:	2020-09-04
		开票信息	
需开发票种类:	○ 增值税专用发票 ○ 增值税普通发票 ○ 电子普通发票 □ 收款收据		
受票单位类型:	---请选择--- ∨ *	发票内容:	∨ *
受票单位全称:			*
税号:			*
地址+电话:			*
开户银行+账号:			*
开票金额(元):		*	
		开票金额大写:	零元整 *
发票备注:			
注意事项:			

发票作废登记:【发票管理】→【发票作废登记】→【发起流程】。

填写表单。

发票作废登记

流程编号：			
申请信息			
申请人		申请人联系电话：	15⬛⬛⬛
所属部门：	永明项目管理⬛⬛⬛ 项目工程	申请时间：	2020-09-04 13:21
项目信息			
项目名称：			选
项目编号：		业务类型：	
经办人：		经办人联系电话：	
甲方名称：			
项目类别：			
开票信息			
发票内容：		类型：	
受票单位全称：			

成本发票登记：【发票管理】→【成本发票登记】→【发起流程】。

填写表单。

成本发票登记-new

申请人：		联系电话：	
部门：	永明项目管理有限公司 西⬛⬛⬛ 工程	负责人：	

开票信息　➕增加 ➕导入

序号	开票单位	发票号码	发票类别	开票内容	开票金额	税率	应退金额	删除
1			---请选择--- ∨	监理费 ∨		∨		✕

开票金额合计：		应退金额合计：	
扣款金额：		备注：	

付款信息

收款名称：		* 选	支付方式：	招商银行	*
开户银行：		*	银行账号：		*
实付金额：	0		大写：	零元整	
转账附言：	ls			✕	

财务接收：		财务经理：	
财务副总：		出纳：	

（3）项目费用

项目费用中的所有流程与工程监理中的流程信息相同。

（4）账户管理

开户申请：【账户管理】→【开户申请】→【发起流程】。

填写表单。

开户申请

流程编号：		申请时间：	2020-09-04
申请人		申请人联系电话：	*
所属部门：	西 程	开户日期：	
经办人：	*	经办人联系电话：	
开户户名：	*	开户银行：	
账户性质：	基本账户 ∨ *	开户行地址：	
账户保证金：		分公司性质：	○省内 ○省外 *
承包资质：	∨ *		
所需证件及要求：			
邮寄信息：	如需要原件或复印件，请填写邮寄地址等信息！格式：收件人+电话+地址		*
证件名称：	*	寄件快递单号：	

销户申请：【账户管理】→【销户申请】→【发起流程】。

填写表单。

销户申请

流程编号：		申请时间：	2020-09-04 13:24
申请人：		申请部门：	西 程
经办人：	*	经办人联系电话：	*
开户户名：	—请选择— ∨	原开户账号：	*
开户银行：	*	账户性质：	*
原开户日期：	*	销户日期：	*
公司性质：	*	开户行地址：	*
邮寄信息：	如需要原件或复印件，请填写邮寄地址等信息！格式：收件人+电话+地址		
职位：	注册监理工程师		
所需证件及要求：			
营组税三证合一证书正本：	上传文件	营组税三证合一证书副本：	上传文件
机构信用代码证：	上传文件	银行开户许可证：	上传文件
法定代表人身份证：	上传文件	快递单号：	

账户变更：【账户管理】→【账户变更】→【发起流程】。

填写表单。

账户信息申报：【账户管理】→【账户信息申报】→【发起流程】。

填写表单。

分公司（单项合作人）银行账户申报流程

申请人：				联系方式：		*
部门：	永明项目管理有限	项目工程		申请时间：	2020-09-04	
账户信息						
账户名称：						*
银行账号：						*
开户银行：						* 选
账户性质：	◉ 个户 ◎ 公户 *					
部门经理审核：						
财务部审核：						
下一步任务：		◎部门经理审核			◎财务部审核	
任务执行人：						

暂存　提交　取消

（5）财务资料

财务资料借用：【财务资料】→【财务资料借用】→【发起流程】。

填写表单。

财务资料借用申请

申请人：			所属单位：	永明	
申请时间：	2020-09-04		业务名称：		*
业务性质：		*	业务编号：		* 选
业务类型：		*	业务类别：		*
经办人：		*	经办人电话：		*
用途：			总监：		
使用日期：		*	预计归还日期：		
是否邮寄：	○是　○否　*				
证件类型：	○原件　○复印件　○扫描件　*				
证书资料类型：	□财务审计报告　□银行转账凭证　□社保及其他基金凭证　□完税凭证　□财务报表　□其他				
所需资料数量及要求：					
邮寄信息：					*
运单号码：			归还快递单号：		

财务资料上报：【财务资料】→【财务资料上报】→【发起流程】。

填写表单。

6.工程监理

在筑术云系统中，工程监理一般的工作流程如下图所示。

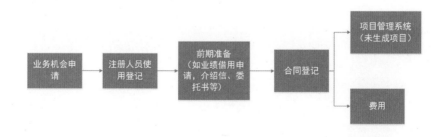

由于一个项目只能由一家企业做，遵循先到先得，因此首先需要进行【业务机会申请】，会生成一条业务编号，贯通整个流程，其中申请人及部门等都会自动带出，不需填写；申请完成之后，需要进行【注册人员使用登记】，然后做合同登记前的准备工作，如业绩借用、社保证明、介绍信、委托书等，其中代交

款项申请和代交款项退还也是在合同登记之前；接下来就需要进行【合同登记】，合同登记完成之后，会生成合同编号，合同编号也会在后续流程中自动生成；就会在项目管理系统中的【未生成项目】中生成一条项目信息，同时在项目运行过程中进行费用相关流程。以下是根据工作流程在系统中列表信息：

（1）项目报备

业务机会申请：点击【项目报备】中的【业务机会申请】，进行报备。

点击发起流程，填写表单。

业务机会申请

业务信息

业务编号			业务类型	工程监理
业务地点	点击此处显示地图，请选择具体的项目地址！		申请用途	投标
业务名称			项目隶属	---请选择---
业务类别	---请选择---			
所属部门	永明项目管理有限公司 技术部			
业务概况				
申请人			申请时间	2020-09-04
甲方名称			甲方联系人	
甲方联系电话			经办人	
经办人电话				
附件	上传文件			
备注				

（2）项目流程

注册人员使用申请：点击【项目流程】中的【注册人员使用申请】，发起流程。

填写表单。

项目印章启用函：【项目流程】→【项目印章启用函】→【发起流程】。

填写表单。

项目印章启用函

申请人:		电话号码:		*
申请时间:	2020-09-04			
项目名称:			* 选
建设单位:			
印章印模字样:			*
形象进度:			*
合同开工日期:		*	合同竣工日期:	
项目负责人:		*	项目总监:	
工程地址:			
工程投资:		*	建筑面积:	
使用类型:	○刺章发放　○印章注销　*	所属单位:	永明项目管理有限公司技术部
附件:	上传文件		
监理服务部专员:			

标准化物资申请:【项目流程】→【标准化物资申请】→【发起流程】。

填写表单。

物品申领单

申领人:		日期:	2020-09-04
部门:	技术部	职位:	
项目名称:			* 选

领用明细　➕ 增加　➕ 导入

名称	型号	单位	数量	单价	金额	备注	删除
选*			*				✕
-	-	-	-	-			

其他说明:		
部门经理审批:		
监理服务部审批:		
物资专员审批:		

| 下一步任务: | ○部门经理审核 | ○监理服务部审核 |
| 任务执行人: | | |

暂存　提交　取消

介绍信、委托书：【项目流程】→【介绍信、委托书】→【发起流程】。

填写表单。

开具社保证明申请：【项目流程】→【开具社保证明申请】→【发起流程】。

填写表单。

开具社保证明申请

申请人:	████	申请人联系电话:	13████7159 *
所属部门:	永明项目管理有限公司 技术部	申请时间:	2020-09-04 10:13
业务名称:	选	项目类型:	
要求开具证明的单位名称:			*
需要开具证明的人员:		选	
备注 (原因说明):			
附件:	上传文件	职位:	
部门部长审核:			
人力资源部办理:			
下一步任务:	◉部门经理审核	○人力资源部专员	
任务执行人:	审██	文██	

暂存　提交　取消

证件CA锁借用申请:【项目流程】→【证件CA锁借用申请】→【发起流程】。

填写表单。

证件、CA锁借用申请

申请人:	████	申请时间:	2020-09-04 10:15
经办人:		经办人电话:	*
所属部门:	永明项目管理有限公司 技术部	上级领导:	
业务编号:	* 选	业务名称:	*
业务类别:		业务类型:	*
业务性质:		使用日期:	*
是否原件:	○是　○否 *	预计归还日期:	*
借用详情:			
是否邮寄:	○是　○否		
收件人:	无	收件人联系电话:	无
收件人地址:	无	运单号码:	

业绩借用申请:【项目流程】→【业绩借用申请】→【发起流程】。

监理智慧化服务创新与实践

填写表单。

业绩借用申请

申请人：			经办人：	
经办人电话：			所属部门：	永明项目管理有限公司 技术部
申请时间：	2020-09-04			
业务编号：		* 选	业务名称：	*
业务类型：		*	业务性质：	
业务类别：				
用途：	项目备案 ∨		借用日期：	*
是否原件：	○是 ○否		预计归还日期：	*
资料份数：			报名截止日期/开标日期：	*
借用具体说明：				
附件：	上传文件			
是否邮寄：	○是 ○否			
收件人：			收件人电话：	

财务资料借用：【项目流程】→【财务资料借用】→【发起流程】。

填写表单。

财务资料借用申请

申请人:		所属单位:	永明项目管理有限公司 技术部
申请时间:	2020-09-04	业务名称:	
业务性质:	*	业务编号:	* 选
业务类型:	*	业务类别:	*
经办人:	*	经办人电话:	*
用途:		总监:	
使用日期:	*	预计归还日期:	*
是否邮寄:	○是 ○否 *		
证件类型:	○原件 ○复印件 ○扫描件 *		
证书资料类型:	□财务审计报告 □银行转账凭证 □社保及其他基金凭证 □完税凭证 □财务报表 □其他		
所需资料数量及要求:			
邮寄信息:	*		

监理项目进度申报:【项目流程】→【监理项目进度申报】→【发起流程】。

填写表单。

监理项目进度申报

申请人:		申请人联系电话:	*	申请时间:	2020-09-04
公司:	永明项目管理有限公司	部门:	技术部		

合同信息

项目编号:	*	项目名称:	* 选		
合同额:	*	工程造价:	*	费率:	*
合同工期:	*	进场日期:		合同完工日期:	*
工程状态:	在建 ∨ *	总监:	*	电话:	*
合同主要条款:					
延期条款:					
结算条款:					

正常合同额确认

监理智慧化服务创新与实践

合同登记：【项目流程】→【合同登记】→【发起流程】。

填写表单。

监理合同登记

业务信息

经办人：	▓▓	联系电话：	13▓▓▓159 *
所属部门：	永明项目管理有限公司 技术部	申请时间：	2020-09-04
业务编号：	_____ * 选	项目名称：	_____ *
业务类型：	工程监理 *	业主单位：	_____ *
项目隶属：	_____ *	工程地址：	_____ *
甲方联系人：	_____ *	甲方联系电话：	_____ *
负责人：	_____ *	负责人电话：	_____ *
合同编号：	_____	总监：	_____
建筑面积（㎡）：	_____	签订日期：	_____ *
取费方式：	按费率（%） ∨ *	总投资（元）：	_____ *
延期条款：	有延期条款 ∨ *	取费标准：	_____ *
是否使用电子章：	○是　○否　*	用印类型：	□公章　□法人章　□分公司公章 □合同章
合同登记类型：	合同登记首章 ∨ *		

补充协议登记：【项目流程】→【补充协议登记】→【发起流程】。

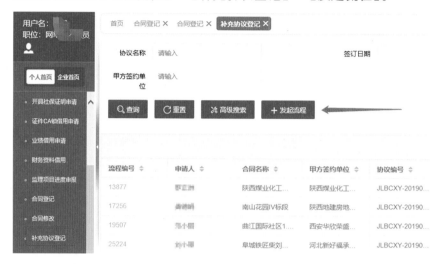

填写表单。

印章使用申请：【项目流程】→【印章使用申请】→【发起流程】。

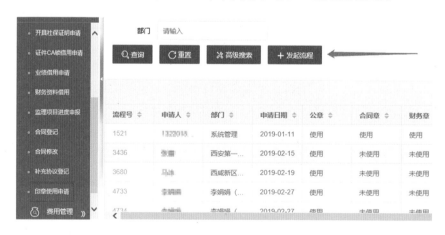

填写表单。

印章使用申请

流程编号:		项目编号:	
业务名称:	选	业务负责人:	
业务类型:	工程监理	业务性质:	
经办人:		联系方式:	
盖章申请类型:	---请选择--- ✔ *	盖章类别:	---请选择--- ✔ *
用印部门:	技术部	印章类别:	□合同章 □财务章 □法人章 □发票章 □公章
盖章份数:	*	是否使用电子章:	○是 ○否 *
申请人:		申请日期:	2020-09-04
发至单位:		职位:	
使用事宜:			*

（3）费用管理

代交款项申请:【费用管理】→【代交款项申请】→【发起流程】。

填写表单。

项目信息

项目编号:	* 选	项目类型:	工程监理 *
项目性质:	*	项目类别:	*
项目名称:			*
经办人:	*	经办人电话:	*
总监:			
申请人:			
申请人联系电话:	13　　　　 *	申请人所属部门:	技术部

缴费信息

缴费编号:			
申请时间:	2020-09-04	交纳截止日期:	*
收款人账号:			*

代交款项退还：【费用管理】→【代交款项退还】→【发起流程】。

填写表单。

退代交款项申请单

流程编号：		申请时间：	2020-09-04
申请人：		申请部门：	永明项目管理有限公司 技术部
经办人：		经办人电话：	

项目信息

项目编号：	*	项目类型：	工程监理 *
项目类别：	*		
项目名称：			* 选
项目性质：	*	交纳途径：	系统提交 *
代交款项编号：	*	原投标日期：	
退款单位名称：			
到款金额：		交款金额：	
转款手续费：		备注：	

付款信息

收款名称：	选	支付方式：	○招商银行　○中信银行　○现金
开户银行：	*	银行账号：	

缴纳注册人员使用费：【费用管理】→【缴纳注册人员使用费】→【发起流程】。

填写表单。

注册人员使用费缴纳申请

申请人：			申请时间：	2020-09-04
经办人：		*	经办人电话：	*
所属部门：	永明项目管理有限公司 技术部		总监：	*
项目类型：	工程监理	*	项目名称：	*
项目编号：		选	负责人：	

缴费信息				
缴费类型：			缴费方式：	○现金　○转账
缴费银行卡主姓名：			缴费时间：	
累计已缴金额：			累计已缴金额大写：	零元整
应缴金额：		选	应缴金额大写：	零元整
本次缴纳金额：			本次缴纳金额大写：	零元整
备注：				
附件：	上传文件			
职位：				
财务部审批：				

注册人员使用费退款：【费用管理】→【注册人员使用费退款】→【发起流程】。

填写表单。

注册人员使用费退款申请

申请人：			申请时间：	2020-09-04
经办人：		*	经办人电话：	*
所属部门：	技术部		总监：	
项目名称：				*
项目编号：		* 选	收据编号：	选
缴费时间：			退费时间：	
使用时间：				
退款原因：	未中标 ∨		负责人：	
实缴金额：			备注：	

项目付款结算：【费用管理】→【项目付款结算】→【发起流程】。

填写表单。

项目付款结算

流程编号：		申请时间：	2020-09-04
申请人：		所属部门：	永明项目管理有限公司 技术部
经办人：	*	联系电话：	*
项目类型：	工程监理 *	项目编号：	*
业务名称：			* 选
甲方签约单位：			*
开票情况：	已开 ∨	开票单位：	
到款单位：			* 选
到款金额（元）：	*	申请金额（元）：	*
扣款金额（元）：		转款手续费（元）：	
收款名称：	选	支付方式：	
开户银行：	*	银行账号：	*
实付金额（元）：	0	大写：	零元整

发票开具登记：【费用管理】→【发票开具登记】→【发起流程】。

填写表单。

发票开具申请

流程编号:		

申请信息

申请人: ▨	申请人联系电话: 136▨▨9 *
所属部门: 永明项目管理有限公司 技术部	申请时间: 2020-09-04

开票信息

需开发票种类:	○ 增值税专用发票 ○ 增值税普通发票 ○ 电子普通发票 □ 收款收据
受票单位类型:	---请选择--- ∨ *　　　　　发票内容: ∨ *
受票单位全称:	_____ *
税号:	_____ *
地址+电话:	_____ *
开户银行+账号:	_____
开票金额 (元):	_____ *　　　开票金额大写: 零元整 *
发票备注:	_____ *
注意事项:	_____

发票作废登记:【费用管理】→【发票作废登记】→【发起流程】。

填写表单。

项目信息

项目名称:	_____ 选
项目编号:	_____　　　业务类型: _____
经办人:	_____　　　经办人联系电话: _____
甲方名称:	_____
项目类别:	_____

开票信息

发票内容:	_____　　　类型: _____
受票单位全称:	_____
需要开发票种类:	○ 增值税专业发票 ○ 增值税普通发票 □ 收款收据
开票金额 (元):	_____　　　开票金额大写: _____
收款方式:	○ 现金 ○ 转账　　　开票日期: _____
税号:	_____
地址+电话:	_____
开户银行+账号:	_____

成本发票登记:【费用管理】→【成本发票登记】→【发起流程】。

填写表单。

项目预算:【费用管理】→【项目预算】→【发起流程】。

填写表单。

项目决算：【费用管理】→【项目决算】→【发起流程】。

填写表单。

项目决算申请				
流程编号：		申请时间：	2020-09-04	
申请人：		联系电话：	13　　9	*
所属部门：	永明项目管理有限公司 技术部	项目编号：		* 选
项目名称：	*	项目类型：	工程监理	
合同编号：	*	项目介绍人：		
合同额收入			➕ 增加 ➕ 导入	

序号	预算列	实际列	差异列	删除
1				✖

其他收入：		项目预算总收入（元）：		*
项目预算费用（元）：	*	项目决算利润（元）：		
项目实际费用（元）：	*	利润率：		
投标费：	*	办公费：		
差旅费：	*	车辆费用：		
工资：	*	社保：		
业务费：	*	承包费：		*

7. 招标代理

招标代理与工程监理大致流程类似，只是项目流程与费用管理中有不同表单，以下为招标代理新增表单内容。

（1）项目流程

框架合同登记：【项目流程】→【框架合同登记】→【发起流程】。

填写表单。

框架合同登记申请

项目信息

| 业务编号： | | 选 | 业务名称： | | * |
| 业务类型： | | * | 业务性质： | | * |

登记人信息

| 登记人： | | | 联系电话： | 13□□□□59 | * |
| 所属部门： | 永明项目管理有限公司 技术部 | | 是否使用电子章： | ○是　○否 | * |

合同信息

合同编号：		*	合同名称：		*
签订日期：	2020-09-04		用印类型：	□公章　□法人章　□分公司公章合同章	
甲方签约单位：		*	业主地址：		
甲方签约人：		*	甲方联系电话：		*
乙方签约单位：		*	乙方签约人：		*
获取方式：	直接委托 ∨	*	行业性质：	房屋建筑工程 ∨	
项目来源：	局内 ∨		工程总投资（万元）：		*
工程规模及概况：					

标书制作:【项目流程】→【标书制作】→【发起流程】。

填写表单。

标书制作申请

项目名称:	[ ] *	项目编号:	[ ] * 选
建设单位:	[ ] *	招标代理单位:	[ ] *
项目地址:	[ ] *	申请人:	■
所属部门:	永明项目管理有限公司 技术部	申请日期:	2020-09-04
招标性质:	[ ] *	报名截止日期:	[ ] *
招标联系人:	[ ] *	招标联系人电话:	[ ] *
招标地址:	[ ] *	招标文件:	上传文件 *
投标保证金:	[ ] *	保证金递交截至日期:	[ ] *
投标日期:	[ ] *		

标书制作

制作人:	选	制作日期:	[ ]
制作说明:	[ ]	标书附件:	上传文件
部门经理审核:			

投标结果说明:【项目流程】→【投标结果说明】→【发起流程】。

填写表单。

投标结果说明

业务信息

业务名称:	⬚ * 选	业务编号:	⬚ *
业主名称:	⬚ *	招标代理单位:	⬚ *
业务地址:	⬚ *	申请人:	▨
所属部门:	永明项目管理有限公司 技术部	申请日期:	2020-09-04
招标公告地址:	⬚ *	招标附件:	

中标说明

中标状态:	中标 ⌄ *	中标公告:	上传文件
中标单位:	⬚	中标金额:	⬚
计划结束时间:	⬚	计划开工时间:	⬚
开标时间:	⬚	未中标类型:	⌄
未中标说明:	⬚		
部门经理审核:			

分公司自主签章授权:【项目流程】→【分公司自主签章授权】→【发起流程】。

填写表单。

分公司自主签章授权委托书

流程编号:	⬚		
项目名称:	⬚ * 选		
申请人:	▨	合同编号:	⬚ *
呈报单位:	技术部	呈报时间:	2020-09-04
经办人:	⬚ *	经办人联系电话:	⬚ *
用印类型:	□合同章 □公章 □法人章	使用电子章:	○是 ○否
是否返还:	○是 ○否	办理部门:	省内分公司 ⌄
资料份数:	⬚		
备注:			
附件:	上传文件		
代理服务部专员审批:			
代理服务部经理审批:			
分管副总审批:			

监理智慧化服务创新与实践

（2）费用管理

代理保证金确认：【费用管理】→【代理保证金确认】→【发起流程】。

填写表单。

代理保证金确认

基本信息

流程编号：			
项目名称：			* 选
项目负责人：	*	项目标段：	*
所属部门：	永明项目管理有限公司 技术部	申请人：	
申请时间：	2020-09-04	递交保证金截止日期：	
经办人：		联系电话：	
是否开收据：	○是　○否		
备注：			

款项明细　　　　　　　　　　　　　　　　　　⊕ 增加

序号	收付方名称	收付方账号	收付方开户行	到款金额	交易日	摘要	保证金是否有效	选流水	删除
1							有效 ∨	选	✖

代理保证金退还：【费用管理】→【代理保证金退还】→【发起流程】。

填写表单。

基本信息			
流程编号：		项目名称：	* 选
项目负责人：	*	项目类型：	招标代理
所属部门：	永明项目管理有限公司 技术部	申请人：	
申请时间：	2020-09-04	开标日期：	*
经办人：		联系电话：	
办理部门：		利率：	0.02
应计利息费：		应扣手续费：	
利息结算：	0		
附件：	上传文件		

款项明细　　　　　　　　　　　　　　　　　　　　　　　⊕ 增加　⊕ 导入

序号	收付方名称	收付方账号	收付方开户行	到款金额	中标服务费	利率	利息	手续费	实退金额	删除
1			*	*						✕

实退金额合计：		实退金额合计大写：	零元整

下一步任务：	◉部门经理审批	○代理专员审批

8.造价咨询

造价咨询与工程监理、招标代理大致流程类似，并且所有表单信息均在工程监理与招标代理中包含。

监理智慧化服务创新与实践

六、远程监控系统

1.登录

点击蓝色登录按钮，输入账号密码，点击登录，进入视频监控系统。

2.登录进入

可以查看远程视频监控信息，左下方有许多功能按钮，其中点击声音可以播放监控画面实时音频；可以调整画面清晰度；点击语音可以和施工现场进行语音对讲；如果现场为球机，还可以通过转动云台，多方位监控；通过变倍查看项目现场的重点部位和关键点；查阅录像还可以查看历史监控视频。

在左侧的搜索框中，可以通过搜索设备名称，对需要查看的视频进行精确搜索。

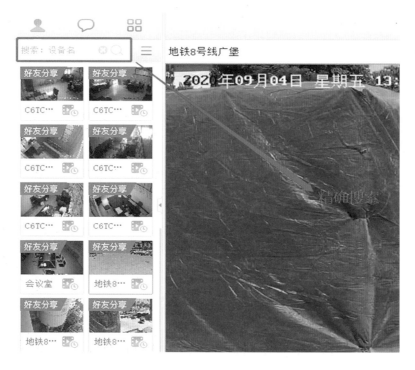

点击右下角可以对画面进行分割，可查看多个画面信息。

七、视频会议系统

1.作为参会者入会

点击加入一场会议，然后输入姓名和密码便可入会；如果是分公司，备注分公司名称。

会议密码会在筑术云通知公告中发布，见下图。

关于对《智能监理工作手册》的解读培训会议

2020-07-01 15:58 技术部

各分公司、项目部：

随着公司《智能监理工作手册》陆续发放，技术部计划在下周一召开"关于对《智能监理工作手册》（Q/JLZ73796796-01）的解读"培训会议；主要针对手册内容里关于监理如何运用筑术云信息化开展智能监理工作、如何填写监理资料和专家在线审核资料等给大家进行解读。

现要求：各项目总监、专监以及监理（资料）员的岗位人员都要参加此次会议，本周五（7月3日）十二点之前各项目部将参会人员名单报至技术部李改改邮箱。

培训人员：各项目总监、专监、监理（资料）员

培训地点：沣东自贸产业园2号楼3层指挥中心

培训时间：2020年7月6日9:30——12:00

培训方式：线上+线下，此次会议视频参会密码为9913011164，参会人员名称以分公司/项目部+姓名格式进入，如 第一分公司/达拉特旗XXX。请各分公司及项目部提前做好参会准备。

永明项目管理有限公司技术部

2020年7月1日

2.作为主讲人举办会议

点击登录，选择登录方式。

选择使用电脑语音入会。

进入会议之后，主讲人可对参会人员进行点名签到，也可以语音视频对话；右下角可以邀请参会人入会，全体静音，可以录制视频，锁定会议后，则不允许再进入，也可以进行聊天。

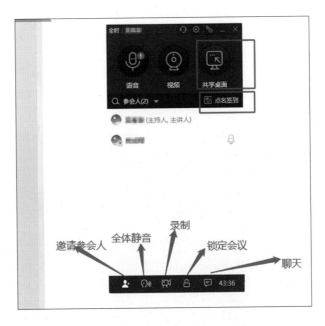

点名情况如下图所示。

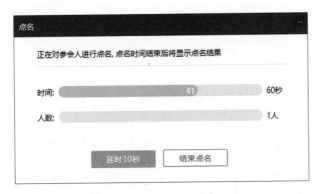

八、指挥中心

点击进入指挥中心。

快速开始/便捷导航

下图为指挥中心首页面，显示所有项目的概况信息。

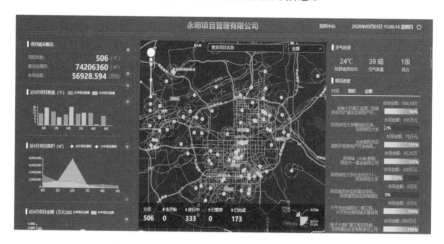

在搜索框中进行精确搜索可查找项目，点击搜索出来的绿色图标。

点击进入项目后，可以看到项目的详细信息、项目概况，项目中如果有摄像头，也可以查看实时监控及历史视频；如果项目配备无人机，则可以使用无人机推流，实时监测项目现场状况。

实时视频查看。

无人机历史视频查看。

第三章　智能信息化产品应用

点击查看项目人员，可以看到项目所有人员的到岗情况，还可以与项目人员实时连线，视频通话检查项目情况。

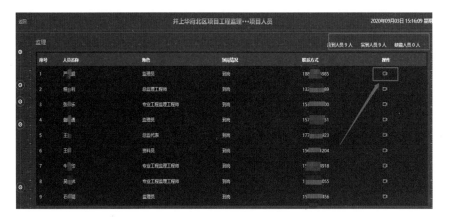

九、筑术云手机APP

1.首页

在筑术云手机APP中输入账号密码，登录成功后，可以在首页点击监控和会议，直接跳转到萤石云视频监控系统和全时云会议系统。如下图中左图所示。

（1）Android版本下载

打开微信，打开扫一扫，扫描二维码。

点击右上角"..."，在弹出的菜单中选择在浏览器中打开，验证码中输入"筑术云"后下载完成安装，输入账号密码登录。

（2）Iphone版本下载

打开微信，打开扫一扫，扫描二维码。

点击"在APP Store中查看"进入APP Store下载并安装<TestFlight>，完成<TestFlight>下载后，回到该页面点击"开始测试"按钮。

在弹出的页面完成安装，打开筑术云进行登录，输入账号密码登录使用。

2.工作

在工作页面可以查看流程信息和通知公告。如下图所示。

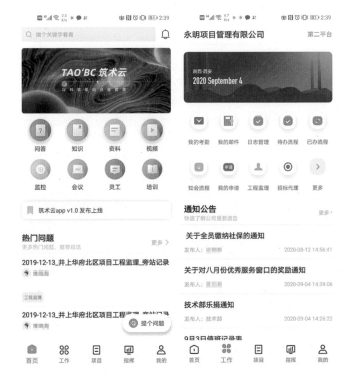

（1）项目资料可以进行语音输入编辑，如下图中左图所示。

（2）在项目中显示项目总数及具体项目。

（3）【指挥】与筑术云系统中的指挥中心一致，可以精确搜索项目，查看监控，查看人员情况，与现场人员视频连线，查看项目资料，如下图中右图所示。

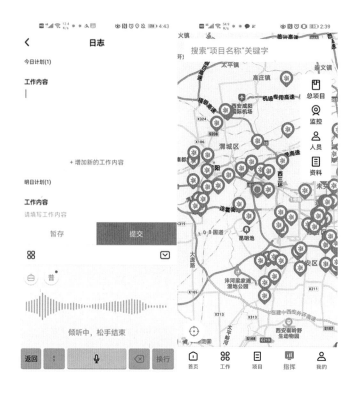

注：手机各功能应用与电脑各功能相同。

第四章　智慧监理文件资料管理

一、基本规定

1.项目监理机构应建立完善的监理文件资料管理制度，应设专人管理监理文件资料。

2.项目监理机构应通过施工现场视频监控系统所采集的影像资料及时、准确、完整地收集、整理、编制、传递监理文件资料。

3.项目监理机构应采用专家在线信息管理技术进行监理文件资料管理。

二、智慧监理文件资料内容

智慧监理文件资料应包括下列主要内容：

1.勘察设计文件、建设工程监理合同及其他合同文件。

2.监理规划、监理实施细则。

3.设计交底和图纸会审会议纪要。

4.施工组织设计、（专项）施工方案、施工进度计划报审文件资料。

5.分包单位资格报审文件资料。

6.施工控制测量成果报验文件资料。

7.总监理工程师任命书，工程开工令、暂停令、复工令、工程开工或复工报审文件资料。

8.工程材料、构配件、设备报验文件资料。

9.见证取样与平行检验文件资料。

10.工程质量检查报验资料及工程有关验收资料。

11.工程变更、费用索赔及工程延期文件资料。

12.工程计量、工程款支付文件资料。

13.监理通知单、工作联系单与监理报告。

14.第一次工地会议、监理例会、专题会议等会议纪要。

15.监理月报、监理日志、旁站记录。

16.工程质量或生产安全事故处理文件资料。

17.工程质量评估报告及竣工验收监理文件资料。

18.智慧监理工作总结。

19.智慧监理过程中所产生的图片、影像视频资料。

三、智慧监理文件的编制

1.监理日志

项目专业监理工程师应对每日所开展的智慧监理工作情况、工程施工进展情况、质量情况、安全文明施工情况及其他相关事项填写监理日志。监理日志应经总监或总监授权人员签字确认。包括下列主要内容：

（1）详细填写监理日志模板规定的内容，力求填写完整：材料进场及使用情况、质量检验情况、见证取样情况、施工部位、进度情况、巡视检查发现的问题、处理措施、总监巡视纪要等应如实填写，不得空白，注意闭合，具有可追溯性。

（2）材料进场、见证取样情况：记录当天主要材料（包括构配件）的进退场情况，对进场的主要材料，应记录材料名称、规格、数量、型号、堆放位置、材料质量状态标识、材料取样试验情况等，在记录时要强调监理日志中的试块取样日期、部位，必须要做到与旁站记录、平行检测记录和试验报告单相吻合一致。

（3）施工部位、进度情况：应记录当天各专业的主要施工内容，记录承包单位完成的主要工作情况，关键线路上的工作、重要部位或节点的工作以及项目监理部认为需要记录的其他工作。监理人员要深入施工现场对每天的进度计划进行跟踪检查，检查施工单位各项资源的投入和施工组织情况，并详细记录到监理日志中。要注意的是，填写的当天施工内容应与当天投入使用的建筑材料、设备相对应。

（4）检查发现的问题：应记录工程质量、进度、投资、安全、合同和信息管理、协调等各方面存在问题（对于大中型项目或需要配备专职安全监理工程师的项目，需填写安全监理日志）、工程验收的情况等，对存在的问题或隐患应记录发现的时间、发现的过程、严重程度、产生问题或隐患的原因等，并填写：不符合哪个规范的名称。施工中难免会产生各种问题，一定要如实填写，不得空白。对于发现的问题，无论是下达了口头通知还是书面通知，都应记录到日志中，并应与通知单（回复单）相闭合。

（5）处理措施、意见和结果：记录对检查发现的问题或隐患做出处理的意见、措施和处理的结果，是否符合行业规范及设计要求。不能空白。

（6）见证取样：应与复试报告相闭合。应如实填写，不能空白。

监理日志可运用手机版（APP）筑术云信息系统实时语音生成，生成填写完成后，上传公司专家在线平台审核。项目监理机构对专家在线审核通过的监理日志打印，按月进行胶装收存。

2.工程开工令

当工程项目的主要施工准备工作已完成时，施工单位可填报《工程开工报审表》，总监理工程师组织专业监理工程师审查施工单位报送的开工报审表及相关资料；同时具备下列条件时，应由总监理工程师签署审查意见，并应报建设单位批准后，总监理工程师签发工程开工令。

（1）设计交底和图纸会审已完成。

（2）施工组织设计已由总监理工程师签认。

（3）施工单位现场质量、安全生产管理体系已建立，管理及施工人员已到位，施工机械具备使用条件，主要工程材料已落实。

（4）进场道路及水、电、通信等已满足开工要求。否则，施工单位应进一步做好施工准备，待条件具备时，再次填报开工申请。工程开工令应按监理规范，使用表A.0.2的要求填写。

（5）分包工程开工前，项目监理机构应审核施工单位报送的分包单位资格报审表，专业监理工程师提出审查意见后，应由总监理工程师审核签认。

（6）《中华人民共和国消防法》第十二条规定："特殊建设工程未经消防设计审查或者审查不合格的，建设单位、施工单位不得施工；其他建设工程，建设单位未提供满足施工需要的消防设计图纸及技术资料的，有关部门不得发放施工许可证或者批准开工报告。"

3.监理通知单

项目监理人员以书面形式通知施工单位应执行的涉及质量控制、造价控制、进度控制、工程变更、工程安全管理等的监理指令性文件。监理通知单的编制应符合下列要求：

（1）监理通知单的编写应遵循"三具体一要求"原则，"三具体"是指：具体检查时间、具体部位（宜按照轴线确定）、具体问题；"一要求"是指：要求施工单位自行检查施工作业现场其他部位是否存在类似问题，并落实限期整改回复。

（2）现场发现的问题，可先采取口头或在工作群里要求施工单位整改；随后应及时补办监理通知单。对发现的问题提出整改要求，并明确书面回复时限。

（3）注意附问题图片。

（4）注意要求施工单位的回复并要附对问题整改前后的对比图片。

（5）监理通知单用词用语应规范、准确、明晰，逻辑严密，依据充分，注意资料闭合。

（6）监理通知单应按监理规范用表A.0.3的要求填写。

监理通知单可运用手机版（APP）筑术云信息系统实时语音生成，生成填写后上传公司专家在线平台审核。项目监理机构对专家在线审核通过的监理通知单打印，按公司要求的厚度胶装收存。

4.监理例会及专题会议纪要

项目监理机构应按照《建设工程监理规范》GB/T 50319—2013的规定和监理信息化管理要求，以"现场+视频会议"形式定期组织召开监理例会，监理例会的召开应符合下列要求：

（1）项目监理机构应每周召开一次监理例会，组织解决工程相关问题。

（2）监理例会应包括以下主要内容：

1）检查上次会议议定事项的落实情况及上周的质量情况、安全状况、进度情况、信息化管理情况。

2）对上周存在的质量问题进行分析，提出本周质量控制要点及要求。

3）对上周安全生产状况进行分析，对本周的安全生产管理提出要求。

4）对上周进度的完成情况及人、机、料等资源配备方面进行分析，并提出要求。

5）对上周信息化管理情况进行分析，并提出信息化管理和智慧化服务要求。

6）明确会议中的议定事项（下周计划安排）及需建设单位协调事项。

7）其他事项。

（3）项目监理机构应在每月第一周监理例会上评析上月质量情况、安全状况、进度计划执行情况和工程款支付、工程变更以及信息化管理等。

（4）项目监理机构负责监理例会的签到、记录及例会纪要的整理。

（5）项目监理机构可根据工程建设情况、智慧工地实施情况需要定期或不定期召开并主持专题会议，专题会议主要解决监理工作范围内专项问题，专题会议每次宜讨论解决一个主题。

专题会议应包括以下主要内容：

1）召开专题会议的原因或理由。

2）会议的主要议题和需要解决的问题。

3）各参会单位的意见和建议。

4）会议形成的决议，对问题的解决方案。

5）监理例会、专题会议宜采用"PPT+图片"形式通报相关问题。

专题会议纪要应如实整理并记录会议的主要内容。

监理内部会议主要解决监理对项目开展信息化管理、智慧化服务过程中所产生的监理内部问题。

监理例会纪要、专题会议纪要应按监理规范要求由项目监理机构负责整理，与会各方代表应会签。

监理例会纪要、专题会议纪要可运用手机版（APP）筑术云信息系统实时语音生成，生成填写后及时上传公司专家在线平台审核。项目监理机构对专家在线审核通过的监理例会纪要、专题会议纪要打印、胶装收存，厚度1~2cm为宜。

5. 监理月报

（1）监理月报是项目监理机构按月向建设单位和监理单位提交的，反映本报告期内工程实施情况、监理工作情况、施工中存在问题及处理情况、下月监理工作重点的书面报告。监理月报每月月底提交，报告期宜为上月26日至本月25日。项目监理机构可根据工程规模与特点增加图表、图片等内容。

（2）施工情况包括施工机械、材料准备及施工是否按施工方案及工程建设强制性标准执行等情况。监理月报编制应包括下列主要内容：

1）月工程实施情况：

①工程进展情况，实际进度与计划进度的比较，施工单位人、机、料进场及使用情况，本期正在施工部位的工程照片。

②工程质量情况，分部分项工程、检验批验收情况，材料/构配件/设备进场检验情况，主要施工试验情况，本月工程质量分析。

③施工单位安全生产管理工作评述。

④已完工程量与已付工程款的统计及说明。

2）本月监理工作情况：

①工程进度控制方面的工作情况。

②工程质量控制方面的工作情况。

③安全生产管理方面的监理工作情况。

④工程计量与工程款支付方面的工作情况。

⑤合同其他事项的管理工作情况。

⑥监理工作统计及工程照片。

⑦应用网络信息化科技手段所采取的智慧化服务情况。

3）本月施工中存在的问题及处理情况：

①工程进度控制方面的主要问题分析及处理情况。

②工程质量控制方面的主要问题分析及处理情况。

③施工单位安全生产管理方面的主要问题分析及处理情况。

④工程计量与工程款支付方面的主要问题分析及处理情况。

⑤合同其他事项管理方面的主要问题分析及处理情况。

4）下月监理工作重点：

①下月的主要工作。

②工程管理方面的监理工作重点。

③项目监理机构内部管理方面的工作重点。

5）监理月报须每月25日上传公司专家在线平台审核。项目监理机构对专家在线审核通过的监理月报打印收存，按年度装订。

6.工程暂停令

当施工现场出现全面或局部区域需要停止施工时，由总监理工程师对施工单位下达工程暂停施工的监理指令文件。项目监理机构发现下列情况之一时，总监理工程师应及时签发工程暂停令：

（1）建设单位要求暂停施工且工程需要暂停施工的。

（2）施工单位未经批准擅自施工或拒绝项目监理机构管理的。

（3）施工单位未按审查通过的工程设计文件施工的。

（4）施工单位违反工程建设强制性标准的。

（5）施工存在重大质量、安全事故隐患或发生质量、安全事故的。

（6）发生必须暂停施工的紧急事件时。

（7）建设行政主管部门或质量安全监督部门要求的停工。

签发工程暂停令应注意以下事项：

（1）签发工程暂停令应注明暂停部位及范围。

（2）一般情况下，签发工程暂停令应事先与建设单位沟通，征得建设单位同意。

（3）在紧急情况下未能事先报告时，应在事后及时向建设单位作出书面报告。

（4）如项目监理机构与建设单位沟通工程暂停事宜时，建设单位不同意停工，项目监理机构认为必须停工的，仍应签发工程暂停令。

（5）项目监理机构签发暂停令，如工程仍未停工，项目监理机构应向建设单位、主管部门、监理单位报告。

（6）工程暂停期间，项目监理机构应按相关规定和建设工程施工合同约定，会同建设单位、施工单位处理好因工程暂停引起的各类问题，确定工程复工条件。

工程暂停令应按监理规范用表A.0.5的要求填写。

7.工程复工令

总监理工程师签发的工程复工令应符合下列要求：

（1）施工单位原因引起工程暂停的，施工单位在复工前应报工程复工报审表申请复工。

（2）项目监理机构应对施工单位的整改结果进行检查、验收；符合要求的，对施工单位的工程复工报审表予以签认，并报建设单位；不符合要求的，继续要求施工单位整改，不同意复工。

（3）建设单位审批同意后，总监理工程师才能签发工程复工令，通知施工单位恢复施工。

（4）当暂停施工原因消失、具备复工条件，项目监理机构可通知施工单位恢复施工。工程复工令应按监理规范使用表A.0.7的要求填写。

8.旁站记录

项目监理机构应按要求对关键部位、关键工序的施工质量、安全实施旁站，旁站记录的填写应符合下列要求：

（1）旁站的关键部位、关键工序；

（2）旁站开始时间、结束时间、天气情况；

（3）施工单位专职安全管理人员、施工员、质量员到岗情况，特种作业人员持证情况；

（4）旁站的关键部位、关键工序施工情况（是否按已批准的专项方案施工）；

（5）如果发现存在的问题（必填），如实填写，不得空白；

（6）要有监理对问题的处理措施（必填），不得空白；

（7）注意附问题整改前的图片和施工单位整改后的图片；

（8）旁站人员应有两人，并由两人签字；

（9）旁站记录表应按监理规范使用表A.0.6的要求填写。

旁站记录应在旁站结束后，可运用手机版（APP）筑术云信息系统实时语音生成，填写后上传公司专家在线平台审核。项目监理机构对专家在线审核通过的旁站记录打印收存，按年度或公司要求的厚度（不超过2cm）胶装成册。

9.工程款支付证书

项目监理机构根据施工合同约定，审核施工单位申报的预付款、进度款、结算款、变更费用、索赔费用等工程款项后，签署同意支付的监理文件。总监理工程师签发的工程款支付证书应符合下列要求：

（1）项目监理机构已审核完成施工单位的工程款支付报审表，并附施工现场监理方对进度节点完成情况留存的视频监控图像。

（2）收到经建设单位签署审批的工程款支付报审表；工程款支付证书应明确施工单位申报款、经审核施工单位应得款、本期应扣款、本期应付款等。

（3）签发工程款支付证书应符合建设工程施工合同约定。工程款支付证书应按监理规范使用表A.0.8的要求填写。

10. 工程质量评估报告

（1）项目监理机构在验收重要的专项工程、分部（子分部）工程前可编制工程质量评估报告；单位（子单位）工程竣工验收前，应编制单位工程竣工质量评估报告；工程质量评估报告应经监理单位技术负责人审批同意。工程质量评估报告应包括下列主要内容：

1）工程概况。

2）专业工程简介（适用于分部及专项工程质量评估报告）。

3）编制依据。

4）工程各参建单位。

5）工程质量评估范围。

6）工程质量监理控制情况[图纸会审和设计变更执行、施工方案的审查、监理规划、监理细则的编制实施情况、巡视情况、旁站情况、见证取样与平行检验、监理通知单（质量控制类）落实情况等]。

7）工程质量验收情况（材料/构配件/设备验收、见证取样的执行及结论、分部分项验收、检验批验收、安全和功能检验试验情况、沉降观测结果、实体实测实量情况、观感质量检查等）。

8）工程质量事故及其处理情况。

9）质量控制资料核查情况。

10）工程质量评估结论：

综上所述，××工程施工质量均验收合格；工程技术资料齐全、真实有效；根据《工程质量验收管理办法》要求，由监理单位组织施工单位于××××年××月××日对本××工程实体质量进行了预验收，施工单位对预验收检查的质量问题进行了维修整改，整改结果符合验收标准。本工程施工质量综合评价为：工程质量"合格"，观感"好"或"一般"，同意验收。

（2）提交上传到专家在线的单位工程质量评估报告中应包括下列附件：

1）单位（子单位）工程质量控制资料监理核查记录表。

2）单位（子单位）工程有关安全和功能检验资料、主要功能项目的抽查结果及监理检查记录汇总表。

3）监理抽检/见证试验情况汇总及说明。

4）竣工预验收小组成员名单及分工表。

（3）在验收会议召开前7日，上传公司专家在线平台审核。项目监理机构对专家在线审核通过的工程质量评估报告打印、胶装收存。

11. 监理报告

总监理工程师使用监理报告应符合下列要求：

（1）项目监理机构发现工程施工中存在严重的质量或安全事故隐患，已签发监理通知单要求施工单位整改或已签发工程暂停令要求施工单位暂停施工，而施工单位拒不执行监理通知单或工程暂停令，总监理工程师应填写监理报告报送主管部门。

（2）情况紧急时，总监理工程师可在第一时间通过智能信息化手段（电话、短信、微信、视频等）向主管部门报告，随后报送监理报告。

（3）监理报告应附相关监理通知单、工程暂停令等文件资料、影像视频资料。监理报告应按监理规范使用表A.0.4的要求填写。监理报告需上传公司专家在线平台审核，项目监理机构对专家在线审核通过的监理报告打印、胶装收存。

12. 监理工作总结

总监理工程师应及时组织编写监理工作总结，向监理单位提交。监理工作总结的主要内容：

（1）工程概况。

（2）项目监理机构。

（3）监理合同履行情况。

（4）监理工作成效。

（5）监理工作中发现的问题及其处理情况。

（6）应用网络信息化科技手段所采取的智慧化服务情况。

（7）说明和建议。

（8）影像视频资料。

监理工作总结是在项目监理机构完成监理合同约定的工作后，经总监理工程师签字和公司专家在线平台审核通过后报监理单位。

监理工作总结需上传公司专家在线平台审核。项目监理机构对专家在线审核通过的监理工作总结应打印、胶装收存。

13. 危险性较大分部分项工程专项巡视检查记录

（1）项目监理机构对危险性较大分部分项工程（简称"危大工程"）进行专项巡视检查后填写巡视检查记录。工程开工前，项目监理机构应根据勘察、设计文件、施工组织设计等，在监理规划中明确本工程危大工程清单及应编制的危大工程安全监理实施细则。危大工程安全监理实施细则中应明确危大工程专项巡视检查的频率、要求等。

（2）危大工程巡视检查记录表应附问题照片。危大工程巡视检查记录表需上传公司专家在线平台审核。项目监理机构对专家在线审核通过的危大工程巡视检查记录表应打印、胶装收存于危大工程管理档案盒内。

四、智慧监理文件资料归档

（1）项目监理机构应及时整理、分类汇总监理对项目开展信息化管理、智慧化服务中产生的文件、影像、视频等资料，并应按规定组卷，形成监理档案。

（2）工程监理单位应根据工程特点和有关规定，保存监理档案，并应向有关单位、部门移交需要存档的监理文件资料（含电子版文件、影像、视频和纸质版文件资料）。

第五章　智慧监理资料样表

一、智慧监理资料填写要求

依据《建设工程监理规范》GB/T 50319—2013对应条文和永明企业标准，填写智慧监理资料表单（样表）。

附件：

监　理　日　志

工程名称：　　　　　　　　　　　　　　　　　　　　　　　编号：

日期			天气		气温	
监理人员动态：						
承包人员动态： 施工人员： 管理人员：			承包单位机械使用情况：			
主要材料进场情况：			主要材料使用情况：			
质量检查、试验概要：						
承包单位提出的问题：						
对承包单位问题的答复或指令：						
来往函件记录：						

主要会议、会谈、洽谈：
承包单位进行/完成的主要工作：
见证取样记录：
巡视/旁站/平行检验记录 1.工程部位。 2.时间：上午8：00-12：00，下午14：00-17：30。 3.存在问题：三控二管一协调、危大工程、扬尘治理等施工过程中存在的问题。 4.处理措施：整改结果是否符合相关规范及设计要求。
总监理工程师巡视纪要：
记事：

记录人（签字）（手签）：   总监/总监代表签字（手签）：

日期：

监理智慧化服务创新与实践

表A.0.1　总监理工程师任命书

工程名称：（工程名称全称）　　　　　　　　　　　　　　　编号：YMRM-001

致：　　（填写建设单位全称）　　（建设单位）

　　兹任命　　　　（注册监理工程师注册号：　　　　　　）为我单位（　工程名称全称　）项目总监理工程师。负责履行建设工程监理合同、主持项目监理机构工作。

工程监理单位（盖章）：

法定代表人（签字）(手签)：

××××年××月××日（手写）

注：本表一式三份，项目监理机构、建设单位、施工单位各一份。

说明：

一、对应条文

《建设工程监理规范》GB/T 50319—2013 第3.1.3条。

3.1.3 工程监理单位在建设工程监理合同签订后，应及时将项目监理机构的组织形式、人员构成及对总监理工程师的任命书面通知建设单位。

二、填表注意事项

总监理工程师应由工程监理单位法定代表人任命，任命书中必须有工程监理单位法定代表人的签字，明确总监理工程师的授权范围，并加盖监理单位公章。

表A.0.2 工程开工令

工程名称：(工程名称全称)   编号：KG-001

致：____(施工单位全称)____（施工单位）

    经审查，本工程已具备施工合同约定的开工条件，现同意你方开始施工，开工日期
为：____年____月____日。

    附件：工程开工报审表

项目监理机构（盖章）：

总监理工程师（签字、加盖执业印章）：

××××年××月××日（手写）

注：本表一式三份，项目监理机构、建设单位、施工单位各一份。

说明：

一、对应条文

《建设工程监理规范》GB/T 50319—2013 第5.1.8条、第5.1.9条。

5.1.8 总监理工程师应组织专业监理工程师审查施工单位报送的工程开工报审表及相关资料；同时具备下列条件时，应由总监理工程师签署审核意见，并应报建设单位批准后，总监理工程师签发工程开工令：

1.设计交底和图纸会审已完成。

2.施工组织设计已由总监理工程师签认。

3.施工单位现场质量、安全生产管理体系已建立，管理及施工人员已到位，施工机械具备使用条件，主要工程材料已落实。

4.进场道路及水、电、通信等已满足开工要求。

5.1.9 工程开工报审表应按本规范表B.0.2的要求填写。工程开工令应按本规范表A.0.2的要求填写。

二、填表注意事项

（一）总监理工程师应组织专业监理工程师审查施工单位报送的《工程开工报审表》及相关资料，确认具备开工条件，报建设单位批准同意开工后，总监理工程师根据建设单位对《工程开工报审表》的审批意见签发《工程开工令》，指示施工单位开工。

（二）《工程开工令》中应明确具体的开工日期，此日期作为施工单位计算工期的起始日期。

表A.0.3 监理通知单

工程名称：(工程名称全称)　　　　　　　　　　　　　　　　　编号：TZ-001

致：　　(施工项目全称)　　(施工项目经理部)

事由：

关于××部位××工序验收事由。

内容：我监理部在验收过程中发现××部位××工序存在以下问题：

1.

2.

3.应清楚填写不符合或者违反法律法规、规范标准、条例及文件的具体条文号。

　要求施工单位立即对上述问题进行整改，限××日内整改完毕。经自查合格后，我项目部进行复查，复查合格后方可进行下一道工序施工。

　　须附问题工程照片

项目监理机构(盖章)：

总/专业监理工程师(签字)(手签)：

××××年××月××日(手写)

注：本表一式三份，项目监理机构、建设单位、施工单位各一份。

说明：

一、对应条文

《建设工程监理规范》GB/T 50319—2013第5.2.15条、第5.4.3条、第5.5.5条、第5.5.6条。

5.2.15 项目监理机构发现施工存在质量问题的，或施工单位采用不适当的施工工艺，或施工不当造成工程质量不合格的，应及时签发监理通知单，要求施工单位整改。整改完毕后，项目监理机构应根据施工单位报送的监理通知回复单对整改情况进行复查，提出复查意见。

监理通知单应按本规范表A.0.3的要求填写，监理通知回复单应按本规范表B9的要求填写。

5.4.3 项目监理机构应检查施工进度计划的实施情况，发现实际进度严重滞后于计划进度且影响合同工期时，应签发监理通知单，要求施工单位采取调整措施加快施工进度。总监理工程师应向建设单位报告工期延误风险。

5.5.5 项目监理机构应巡视检查危险性较大的分部分项工程专项施工方案实施情况。发现未按专项施工方案实施时，应签发监理通知单，要求施工单位按专项施工方案实施。

5.5.6 项目监理机构在实施监理过程中，发现工程存在安全事故隐患时，应签发监理通知单，要求施工单位整改；情况严重时，应签发工程暂停令，并应及时报告建设单位。施工单位拒不整改或不停止施工时，项目监理机构应及时向有关主管部门报送监理报告。

二、填表注意事项

（一）施工单位发生下列情况时，项目监理机构应发出监理通知：在施工过程中出现不符合设计要求、工程建设标准、合同约定；使用不合格的工程材料、构配件和设备；在工程质量、进度、造价等方面存在违法、违规等行为。

（二）本表一般问题可由专业工程监理工程师签发，重大问题应经总监理工程师同意后签发或由总监理工程师本人签发。

（三）"事由"应填写通知内容的主题词，相当于标题。

（四）"内容"应写明发生问题的具体时间、具体部位、具体内容，并写明监理工程师的整改要求、依据及整改回复时间。

（五）须附问题工程照片。

表A.0.4 监理报告

工程名称:(工程名称全称)   编号:BG-001

致:　　 (主管单位全称)　 (主管部门)

　　由 (施工单位全称) (施工单位)施工的 (同监理通知单相应的工程部位) (工程部位),存在安全事故隐患。我方已于××××年××月×× 日发出编号为:TZ-001的《监理通知单》或《工程暂停令》,但施工单位未整改/停工。

　　特此报告。

　　附件:□ 监理通知单

　　　　　□ 工程暂停令

　　　　　□ 其他(问题工程照片)

项目监理机构(盖章):

总监理工程师(签字):

××××年××月××日(手写)

注:本表一式四份,主管部门、建设单位、工程监理单位、项目监理机构各一份。

说明：

一、对应条文

《建设工程监理规范》GB/T 50319—2013第5.5.6条。

5.5.6 项目监理机构在实施监理过程中，发现工程存在安全事故隐患时，应签发监理通知单，要求施工单位整改；情况严重时，应签发工程暂停令，并应及时报告建设单位。施工单位拒不整改或不停止施工时，项目监理机构应及时向有关主管部门报送监理报告。

监理报告应按本规范表A.0.4的要求填写。

二、填表注意事项

（一）项目监理机构发现工程存在安全事故隐患，发出《监理通知单》或《工程暂停令》后，施工单位拒不整改或者不停工的，应当采用表A.0.4及时向政府有关主管部门报告，同时应附相应《监理通知单》或《工程暂停令》等证明及监理人员所履行安全生产管理职责的相关文件资料。

（二）本表填报时，应说明工程名称、施工单位、工程部位、监理处理过程文件（《监理通知单》《工程暂停令》等，应说明时间和编号），以及施工单位的整改落实情况。

（三）情况紧急时，项目监理机构通过电话、传真或电子邮件方式向政府有关主管部门报告的，事后应以书面形式《监理报告》送达政府有关主管部门，同时抄报建设单位和工程监理单位。

（四）应附问题工程照片。

表A.0.5 工程暂停令

工程名称：（工程名称全称）　　　　　　　　　　　　　　　　　　编号：ZT-001

致：　　　（施工项目部全称）　　　（施工项目经理部）

　　由于　原因（参照监理规范6.2.2填写）原因，现通知你方与于 ×××× 年 ×× 月 ×× 日 ×× 时起，
暂停 ×× 部位（或 ×× 工序）部位（工序）施工，并按下述要求做好后续工作。

　　要求：

　　1.暂停 ×× 部位施工，采取措施，保证 ×× 得到有效控制。

　　2.工程暂停期间，应做好 ×× 方面工作。

　　……

　　3.待 ×× （原因）得到有效控制（检查或者验收合格等）后再报工程复工报审表申请复工。

（附问题工程照片）

　　　　　　　　　　　　　　　　　　　　　　项目监理机构（盖章）：

　　　　　　　　　　　　　　　　　　　　　　总监理工程师（签字、加盖执业印章）：

　　　　　　　　　　　　　　　　　　　　　　××××年××月××日（手写）

注：本表一式三份，项目监理机构、建设单位、施工单位各一份。

说明：

一、对应条文

《建设工程监理规范》GB/T 50319—2013第5.5.6条、第6.2.1条、第6.2.2条、第6.2.3条。

5.5.6 项目监理机构在实施监理过程中，发现工程存在安全事故隐患时，应签发监理通知单，要求施工单位整改；情况严重时，应签发工程暂停令，并应及时报告建设单位。施工单位拒不整改或不停止施工时，项目监理机构应及时向有关主管部门报送监理报告。

6.2.1 总监理工程师在签发工程暂停令时，可根据停工原因的影响范围和影响程度，确定停工范围，并应按施工合同和建设工程监理合同的约定签发工程暂停令。

6.2.2 项目监理机构发现下列情况之一时，总监理工程师应及时签发工程暂停令：

1.建设单位要求暂停施工且工程需要暂停施工的。

2.施工单位未经批准擅自施工或拒绝项目监理机构管理的。

3.施工单位未按审查通过的工程设计文件施工的。

4.施工单位违反工程建设强制性标准的。

5.施工存在重大质量、安全事故隐患或发生质量、安全事故的。

6.2.3 总监理工程师签发工程暂停令应事先征得建设单位同意，在紧急情况下未能事先报告时，应在事后及时向建设单位作出书面报告。

工程暂停令应按本规范表A.0.5的要求填写。

二、填表注意事项

（一）本表适用于总监理工程师签发指令要求停工处理的事件，包括：

1.建设单位要求暂停施工且工程需要暂停施工的。

2.施工单位未经批准擅自施工或拒绝项目监理机构管理的。

3.施工单位未按审查通过的工程设计文件施工的。

4.施工单位未按批准的施工组织设计、（专项）施工方案施工或违反工程建设强制性标准条文的。

5.为保证工程质量而需要停工处理。

6.施工中出现安全隐患，必须停工消除隐患。

（二）本表应由总监理工程师签发。总监理工程师除签字外，还需加盖执业印章。

（三）本表内应注明工程暂停的原因、部位和范围、停工期间应进行的工作等。

（四）总监理工程师签发工程暂停令应事先征得建设单位同意，在紧急情况下未能事先报告的，应在事后及时向建设单位作出书面报告。

（五）附问题工程照片。

表A.0.6 旁站记录

工程名称：（工程名称全称）   编号：PZ-001

旁站的关键部位、关键工序	部位或工序名称	施工单位	施工单位全称
旁站开始时间	××××年××月××日××时××分	旁站结束时间	××××年××月××日××时××分

旁站的关键部位、关键工序施工情况：（以混凝土浇筑为例）

1.施工单位安全、质检及操作人员到岗，以及特殊工种人员持证情况；

2.班组机械设备、工具、用具准备情况；

3.使用材料的质量文件核查情况，材料使用的规格、数量、使用部位等情况；

4.关键部位、关键工序按照已审批的方案进行施工和工程建设强制性标准执行情况；

5.隐蔽工程的质量情况；

6.坍落度、试块留置等情况；

7.不同施工部位或工序的需要说明的其他情况；

8.气候条件是否合适。

发现的问题及处理情况：（必填）

1.发现的问题描述；

2.问题处理情况；

3.整改结果。

（附问题整改前后图片）

旁站监理人员（签字）：

××××年××月××日

注：本表一式一份，项目监理机构留存。

说明：

一、对应条文

《建设工程监理规范》GB/T 50319—2013第5.2.11条。

5.2.11 项目监理机构应根据工程特点和施工单位报送的施工组织设计，确定旁站的关键部位、关键工序，安排监理人员进行旁站，并应及时记录旁站情况。

旁站记录应按本规范表A.0.6的要求填写。

二、填表注意事项

（一）本表为项目监理机构记录旁站工作情况的通用表格。项目监理机构可根据需要增加附表。

（二）本表中"施工情况"应记录所旁站部位（关键部位、关键工序）的施工作业内容、主要施工机械、材料、人员和完成的工程数量等内容及监理人员检查旁站部位施工质量的情况。"处理情况"是指旁站人员对于所发现问题的处理情况。

（三）附问题整改前后图片。

表A.0.7　工程复工令

工程名称:（工程名称全称）　　　　　　　　　　　　　　　　　编号: FG-001

致:（施工项目部全称）（施工项目经理部）

　　我方发出的编号为ZT-001《工程暂停令》，要求暂停施工的部位（工序），经查已具备复工条件。经建设单位同意，现通知你方于×××× 年 ×× 月 ×× 日 ×× 时起恢复施工。

　　　附件: 工程复工报审表

　　　　　　　　　　　　　　　　　　　　　　　　项目监理机构（盖章）:

　　　　　　　　　　　　　　　　　　　　　　　　总监理工程师（签字、加盖执业印章）:

　　　　　　　　　　　　　　　　　　　　　　　　　　×××× 年 ×× 月 ×× 日

注: 本表一式三份，项目监理机构、建设单位、施工单位各一份。

说明：

一、对应条文

《建设工程监理规范》GB/T 50319—2013第6.2.7条。

6.2.7 当暂停施工原因消失、具备复工条件时，施工单位提出复工申请的，项目监理机构应审查施工单位报送的工程复工报审表及有关材料，符合要求后，总监理工程师应及时签署审查意见，并应报建设单位批准后签发工程复工令；施工单位未提出复工申请的，总监理工程师应根据工程实际情况指令施工单位恢复施工。

工程复工报审表应按本规范表B.0.3的要求填写，工程复工令应按本规范表A.0.7的要求填写。

二、填表注意事项

（一）本表适用于导致工程暂停施工的原因消失、具备复工条件时，施工单位提出复工申请，并且其工程复工报审表（表B.0.3）及相关材料经审查符合要求后，总监理工程师签发指令同意或要求施工单位复工；施工单位未提出复工申请的，总监理工程师应根据工程实际情况指令施工单位恢复施工。

（二）因建设单位原因或非施工单位原因引起工程暂停的，在具备复工条件时，应及时签发《工程复工令》指令施工单位复工。因施工单位原因引起工程暂停的，施工单位在复工前应使用《工程复工报审表》申请复工；项目监理机构应对施工单位的整改过程、结果进行检查、验收，符合要求的，对施工单位的《工程复工报审表》予以审核，并报建设单位；建设单位审批同意后，总监理工程师应及时签发《工程复工令》，施工单位接到《工程复工令》后组织复工。

（三）本表内必须注明复工的部位和范围、复工日期等，并附《工程复工报审表》等其他相关说明文件。

（四）总监理工程师除签字外，还需加盖执业印章。

表A.0.8 工程款支付证书

工程名称:(工程名称全称)   编号:ZF-001

致:(填写施工单位全称)(施工单位)

根据施工合同约定,经审核编号为 ××× 工程款支付报审表,扣除有关款项后,同意支付该款项共计(大写)×××。

(小写:×××元)。

其中:

    1.施工单位申报款为:×××元;

    2.经审核施工单位应得款为:×××元;

    3.本期应扣款为:×××元;

    4.本期应付款为:×××元。

附件:工程款支付报审表及附件

项目监理机构(盖章):

总监理工程师(签字、加盖执业印章):

×××× 年 ×× 月 ×× 日(手写)

注:本表一式三份,项目监理机构、建设单位、施工单位各一份。

说明：

一、对应条文

《建设工程监理规范》GB/T 50319—2013第5.3.1条、第5.3.2条、第5.3.5条。

5.3.1 项目监理机构应按下列程序进行工程计量和付款签证：

1.专业监理工程师对施工单位在工程款支付报审表中提交的工程量和支付金额进行复核，确定实际完成的工程量，提出到期应支付给施工单位的金额，并提出相应的支持性材料。

2.总监理工程师对专业监理工程师的审查意见进行审核，签认后报建设单位审批。

3.总监理工程师根据建设单位的审批意见，向施工单位签发工程款支付证书。

5.3.2 工程款支付报审表应按本规范表B.0.11的要求填写，工程款支付证书应按本规范表A.0.8的要求填写。

5.3.5 工程竣工结算款支付报审表应按本规范表B.0.11的要求填写，竣工结算款支付证书应按本规范表A.0.8的要求填写。

二、填表注意事项

（一）项目监理机构应按《建设工程监理规范》GB/T 50319—2013第5.3.1条规定的程序进行工程计量和付款签证。

（二）随本表应附施工单位报送的《工程款支付报审表》及其附件。

（三）项目监理机构将《工程款支付证书》签发给施工单位时，应同时抄报建设单位。

表B.0.1 施工组织设计/(专项)施工方案报审表

工程名称:(工程名称全称)   编号:SZ-001

致:(项目监理机构全称)(项目监理机构)

　　我方已完成(单位工程名称全称)工程施工组织设计/(专项)施工方案的编制和审批,请予以审查。

　　附:□ 施工组织设计
　　　　□ 专项施工方案
　　　　□ 施工方案

施工项目经理部(盖章):

项目经理(签字):

××××年××月××日(手写)

审查意见:

　　应注意对超过一定规模的危险性较大工程的方案需要专家论证,应注明本方案已于××月××日通过了专家评审,经审查本方案,已根据专家评审意见进行了修改,同意按此方案执行。

专业监理工程师(签字):

××××年××月××日(手写)

审核意见:

　　同意专业监理工程师意见,同意按修改后的方案实施,并请建设单位审批。

项目监理机构(盖章):

总监理工程师(签字、加盖执业印章):

××××年××月××日(手写)

审批意见(仅对超过一定规模的危险性较大的分部分项工程专项方案):

建设单位(盖章):

建设单位代表(签字):

××××年××月××日(手写)

注:本表一式三份,项目监理机构、建设单位、施工单位各一份。

说明：

一、对应条文

《建设工程监理规范》GB/T 50319—2013第5.1.6条、第5.1.7条、第5.2.2条、第5.2.3条、第5.5.3条、第5.5.4条。

5.1.6 项目监理机构应审查施工单位报审的施工组织设计，符合要求时，应由总监理工程师签认后报建设单位。项目监理机构应要求施工单位按已批准的施工组织设计组织施工。施工组织设计需要调整时，项目监理机构应按程序重新审查。

施工组织设计审查应包括下列基本内容：

1.编审程序应符合相关规定。

2.施工进度、施工方案及工程质量保证措施应符合施工合同要求。

3.资金、劳动力、材料、设备等资源供应计划应满足工程施工需要。

4.安全技术措施应符合工程建设强制性标准。

5.施工总平面布置应科学合理。

5.1.7 施工组织设计或（专项）施工方案报审表，应按本规范表B.0.1的要求填写。

5.2.2 总监理工程师应组织专业监理工程师审查施工单位报审的施工方案，符合要求后应予以签认。

施工方案审查应包括下列基本内容：

1.编审程序应符合相关规定。

2.工程质量保证措施应符合有关标准。

5.2.3 施工方案报审表应按本规范表B.0.1的要求填写。

5.5.3 项目监理机构应审查施工单位报审的专项施工方案，符合要求的，应由总监理工程师签认后报建设单位。超过一定规模的危险性较大的分部分项工程的专项施工方案，应检查施工单位组织专家进行论证、审查的情况，以及是否附具安全验算结果。项目监理机构应要求施工单位按已批准的专项施工方案组织施工。专项施工方案需要调整时，施工单位应按程序重新提交项目监理机构审查。

专项施工方案审查应包括下列基本内容：

1.编审程序应符合相关规定。

2.安全技术措施应符合工程建设强制性标准。

5.5.4 专项施工方案报审表应按本规范表B.0.1的要求填写。

二、填表注意事项

（一）本表适用于以下情况：

1.整个项目或单位工程的施工组织设计（方案）或项目施工管理规划的报审；

2.施工过程中，如经批准的施工组织设计（方案）发生改变，变更后的方案应重新报审；

3.本表还用于对危及结构安全或使用功能的分项工程整改方案的报审；

4.重点部位、关键工序的施工工艺、四新技术的工艺方法和确保工程质量的措施报审。

（二）对分包单位编制的施工组织设计或（专项）施工方案均应由施工单位按相关规定完成相关审批手续后，报项目监理机构审核。

（三）施工单位编制的施工组织设计经施工单位技术负责人审批同意，并加盖施工单位公章后，与施工组织设计报审表一并报送项目监理机构。

（四）对危及结构安全或使用功能的分项工程整改方案的报审，在证明文件中应有建设单位、设计单位、监理单位各方共同认可的书面意见。

表B.0.2　工程开工报审表

工程名称:(工程名称全称)　　　　　　　　　　　　　编号:KG-B001

致:(建设单位全称)(建设单位) 　　(项目监理机构全称)(项目监理机构) 　　我方承担的(单位工程全称)工程,已完成相关准备工作,具备开工条件,申请于××× ×年× ×月× ×日开工,请予以审批。 　　附件:证明文件资料   　　　　　　　　　　　　　　　　　　　　施工单位(盖章): 　　　　　　　　　　　　　　　　　　　　项目经理(签字): 　　　　　　　　　　　　　　　　　　　　××××年××月××日
审核意见: 　　按照《建设工程监理规范》GB/T 50319—2013中的5.1.8条规定进行审核。 　　经审核,本工程各项准备工作就绪满足开工要求,同意于××××年××月××日开工,并请建设单位审批。   　　　　　　　　　　　　　　　　　　项目监理机构(盖章): 　　　　　　　　　　　　　　　　　　总监理工程师(签字、加盖执业印章): 　　　　　　　　　　　　　　　　　　××××年××月××日(手写)
审批意见: 　　　　　　　　　　　　　　　　　　建设单位(盖章): 　　　　　　　　　　　　　　　　　　建设单位代表(签字): 　　　　　　　　　　　　　　　　　　××××年××月××日

　　注:本表一式三份,项目监理机构、建设单位、施工单位各一份。

说明：

一、对应条文

《建设工程监理规范》GB/T 50319—2013第5.1.8条、第5.1.9条。

5.1.8 总监理工程师应组织专业监理工程师审查施工单位报送的工程开工报审表及相关资料；同时具备下列条件时，应由总监理工程师签署审核意见，并应报建设单位批准后，总监理工程师签发工程开工令：

1. 设计交底和图纸会审已完成。

2. 施工组织设计已由总监理工程师签认。

3. 施工单位现场质量、安全生产管理体系已建立，管理及施工人员已到位，施工机械具备使用条件，主要工程材料已落实。

4. 进场道路及水、电、通信等已满足开工要求。

5.1.9 工程开工报审表应按本规范表B.0.2的要求填写。工程开工令应按本规范表A.0.2的要求填写。

二、填表注意事项

（一）本表适用于单位工程项目开工报审。表中建设项目或单位工程名称应与施工图中的工程名称一致。

（二）表中证明文件是指证明已具备开工条件的相关资料（施工组织设计的审批、施工现场质量管理检查记录表、《建筑工程施工质量验收统一标准》GB 50300—2013规范表A）的内容审核情况、主要材料、设备的准备情况、现场临时设施等的准备情况说明。

（三）施工合同中含有多个单位工程且开工时间不一致时，同时开工的单位工程应填报一次。

（四）本表项目总监理工程师应根据《建设工程监理规范》GB/T 50319—2013第5.1.8条款中所列条件审核后签署意见，并报建设单位同意后签发开工令。

（五）本表必须由项目经理签字并加盖施工单位公章。总监理工程师除签字外，还需加盖执业印章。

表B.0.3 工程复工报审表

工程名称：(工程名称全称)　　　　　　　　　　　　　　　　编号：FG-001

致：(项目监理机构全称)(项目监理机构) 　　编号为 ZT-001《工程暂停令》所停工的(同工程暂停令)部位(工序)已满足复工条件，我方申请于 ××××年××月××日复工，请予以审批。 　　附件：证明文件资料   　　　　　　　　　　　　　　　　　　施工项目经理部(盖章)： 　　　　　　　　　　　　　　　　　　项目经理(签字)： 　　　　　　　　　　　　　　　　　　××××年××月××日
审核意见： 　　经审核 ××部位(工序)已满足复工条件，同意于××××年××月××日××时起复工，并请建设单位审批。   　　　　　　　　　　　　　　　　　　项目监理机构(盖章)： 　　　　　　　　　　　　　　　　　　总监理工程师(签字)： 　　　　　　　　　　　　　　　　　　××××年××月××日(手写)
审批意见：   　　　　　　　　　　　　　　　　　　建设单位(盖章)： 　　　　　　　　　　　　　　　　　　建设单位代表(签字)： 　　　　　　　　　　　　　　　　　　××××年××月××日

注：本表一式三份，项目监理机构、建设单位、施工单位各一份。

说明：

一、对应条文

《建设工程监理规范》GB/T 50319—2013 第 6.2.7 条。

6.2.7 当暂停施工原因消失、具备复工条件时，施工单位提出复工申请的，项目监理机构应审查施工单位报送的工程复工报审表及有关材料，符合要求后，总监理工程师应及时签署审查意见，并应报建设单位批准后签发工程复工令；施工单位未提出复工申请的，总监理工程师应根据工程实际情况指令施工单位恢复施工。

工程复工报审表应按本规范表 B.0.3 的要求填写，工程复工令应按本规范表 A.0.7 的要求填写。

二、填表注意事项

（一）本表用于因各种原因工程暂停后，停工原因消失后，施工单位准备恢复施工，向监理单位提出复工申请时。

（二）表中证明文件可以为相关检查记录、制定的针对性整改措施及措施的落实情况、会议纪要、影像资料等。当导致暂停的原因是危及结构安全或使用功能时，整改完成后，应有建设单位、设计单位、监理单位各方共同认可的整改完成文件，其中涉及建设工程鉴定的文件必须由有资质的检测单位出具。

（三）收到施工单位报送的《工程复工报审表》后，经专业监理工程师按照停工指示或监理部发出的《工程暂停令》指出的停工原因进行调查、审核和评估，并对施工单位提出的复工条件证明资料进行审核后提出意见，由总监理工程师做出是否同意申请的批复。

表B.0.4 分包单位资格报审表

工程名称:(工程名称全称)   编号:FB-001

致:　(项目监理机构全称)　(项目监理机构)

　　经考察,我方认为拟选择的(按《企业法人营业执照》全称)(分包单位)具有承担下列工程的施工或安装资质和能力,可以保证本工程按施工合同第(具体的合同条款)条款的约定进行施工或安装。请予以审查。

分包工程名称(部位)	分包工程量	分包工程合同额
例如:屋面防水工程	×××m²	××万元
/	/	/
合　计		××万元

附件:1.分包单位资质材料。

　　　2.分包单位业绩材料。

　　　3.分包单位专职管理人员和特种作业人员的资格证书。

　　　4.施工单位对分包单位的管理制度。

施工项目经理部(盖章):

项目经理(签字):

××××年××月××日

审查意见:

　　经审查,××××(分包单位)具备××专业施工资质,已取得安全生产许可证,且在有效期内;各类人员资格均符合要求,人员配备满足工程施工要求,符合分包条件。

专业监理工程师(签字):

××××年××月××日(手写)

审核意见:

　　同意××××(分包单位)进场施工。

项目监理机构(盖章):

总监理工程师(签字):

××××年××月××日(手写)

　　注:本表一式三份,项目监理机构、建设单位、施工单位各一份。

说明：

一、对应条文

《建设工程监理规范》GB/T 50319—2013第5.1.10条、第5.1.11条。

5.1.10 分包工程开工前，项目监理机构应审核施工单位报送的分包单位资格报审表，专业监理工程师提出审查意见后，应由总监理工程师审核签认。

分包单位资格审核应包括下列基本内容：

1.营业执照、企业资质等级证书。

2.安全生产许可文件。

3.类似工程业绩。

4.专职管理人员和特种作业人员的资格。

5.1.11 分包单位资格报审表应按本规范表B.0.4的要求填写。

二、填表注意事项

（一）本表适用于各类分包单位的资格报审，包括劳务分包和专业分包。分包单位的名称应按《企业法人营业执照》全称填写。

（二）在施工合同中已约定由建设单位（或与施工单位联合）招标确定的分包单位，施工单位可不再报审。

（三）分包单位资质材料还应包括：特殊行业施工许可证、国外（境外）企业在国内施工工程许可证、拟分包工程的内容和范围等证明资料。

（四）分包单位资质材料应注意资质年审合格情况，防止越级分包。

（五）分包单位业绩材料是指分包单位近三年完成的与分包工程内容类似的工程及质量情况。

表B.0.5 施工控制测量成果报验表

工程名称:(工程名称全称)   编号:CL-001

致:(项目监理机构全称)(项目监理机构)
 	
    我方已完成 (如:施工平面控制网、高程控制网等) 的施工控制测量,经自检合格,请予以查验。
    附件:1.施工控制测量依据资料。
          2.施工控制测量成果表。
 	
                                            施工项目经理部(盖章):
                                            项目技术负责人(签字):
                                            ××××年××月××日(手写)

审查意见:
 	
    经复核,施工控制测量依据资料符合要求,施工控制测量成果符合要求。请注意测量成果的有效保护。
 	
                                          项目监理机构(盖章):
                                          专业监理工程师(签字):
                                          ××××年××月××日(手写)

    注:本表一式三份,项目监理机构、建设单位、施工单位各一份。

说明：

一、对应条文

《建设工程监理规范》GB/T 50319—2013第5.2.5条、第5.2.6条。

5.2.5 专业监理工程师应检查、复核施工单位报送的施工控制测量成果及保护措施，签署意见。专业监理工程师应对施工单位在施工过程中报送的施工测量放线成果进行查验。

施工控制测量成果及保护措施的检查、复核，应包括下列内容：

1.施工单位测量人员的资格证书及测量设备检定证书。

2.施工平面控制网、高程控制网和临时水准点的测量成果及控制桩的保护措施。

5.2.6 施工控制测量成果报验表应按本规范表B.0.5的要求填写。

二、填表注意事项

（一）本表用于施工单位施工控制测量完成并自检合格后，报送项目监理机构复核确认。

（二）测量放线的专业测量人员资格（测量人员的资格证书）及测量设备资料（施工测量放线使用测量仪器的名称、型号、编号、校验资料等）应经项目监理机构确认。

（三）测量依据资料及测量成果包括下列内容：

1.平面、高程控制测量：需报送控制测量依据资料、控制测量成果表（包含平差计算表）及附图。

2.定位放样：报送放样依据、放样成果表及附图。

（四）收到施工单位报送的《施工控制测量成果报验表》后，报专业监理工程师批复。专业监理工程师按标准规范有关要求，进行控制网布设、测点保护、仪器精度、观测规范、记录清晰等方面的检查、审核，意见栏应填写是否符合技术规范、设计等具体要求，重点应进行必要的内业及外业复核；符合规定时，由专业监理工程师签认。

表B.0.6 工程材料、构配件、设备报审表

工程名称:(工程名称全称)   编号:CL-001

致:(项目监理机构全称)(项目监理机构)

　　于××××年××月××日进场的拟用于工程 (具体工程部位,例如:基础筏板) 部位的

(具体材料名称,例如:钢筋),经我方检验合格,现将相关资料报上,请予以审查。

　　附件:1.工程材料、构配件或设备清单。

　　　　　2.质量证明文件。

　　　　　3.自检结果。

施工项目经理部(盖章):

项目经理(签字):

××××年××月××日(手写)

审查意见:

　　经复查上述材料符合设计文件和规范要求,同意进场,待复试合格后用于拟定部位。

项目监理机构(盖章):

专业监理工程师(签字):

××××年××月××日(手写)

　　注:本表一式二份,项目监理机构、施工单位各一份。

说明：

一、对应条文

《建设工程监理规范》GB/T 50319—2013第5.2.9条。

5.2.9 项目监理机构应审查施工单位报送的用于工程的材料、构配件、设备的质量证明文件，并应按有关规定、建设工程监理合同约定，对用于工程的材料进行见证取样、平行检验。

项目监理机构对已进场经检验不合格的工程材料、构配件、设备，应要求施工单位限期将其撤出施工现场。

工程材料、构配件、设备报审表应按本规范表B.0.6的要求填写。

二、填表注意事项

（一）本表用于施工单位对工程材料、构配件、设备在施工单位自检合格后，向项目监理机构报审。

（二）质量证明文件是指：生产单位提供的合格证、质量证明书、性能检测报告等证明资料。进口材料、构配件、设备应有商检的证明文件；新产品、新材料、新设备应有相应资质机构的鉴定文件。如无证明文件原件，需提供复印件，但应在复印件上加盖证明文件提供单位的公章。

自检结果是指：施工单位对所购材料、构配件、设备清单、质量证明资料核对后，对工程材料、构配件、设备实物及外部观感质量进行验收核实的自检结果。

（三）由建设单位采购的主要设备则由建设单位、施工单位、项目监理机构进行开箱检查，并由三方在开箱检查记录上签字。

（四）进口材料、构配件和设备应按照合同约定，由建设单位、施工单位、供货单位、项目监理机构及其他有关单位进行联合检查，检查情况及结果应形成记录，并由各方代表签字认可。填写本表时应写明工程材料、构配件或设备的名称、进场时间、拟使用的工程部位等。

表 B.0.7 钢筋安装工程 报审、报验表

工程名称:(工程名称全称)   编号:JYP-001

致:(项目监理机构全称)(项目监理机构)

我方已完成(××××部位的钢筋安装)工作,经自检合格,请予以审查或验收。

附:□ 隐蔽工程质量检验资料。

☑ 检验批质量检验资料。

□ 分项工程质量检验资料。

□ 施工试验室证明资料。

☑ 其他。

施工项目经理部(盖章):

项目经理或项目技术负责人(签字):

××××年××月××日(手写)

审查或验收意见:

经现场检查,钢筋安装质量符合设计及规范要求,同意进行下一道工序施工。

项目监理机构(盖章):

专业监理工程师(签字):

××××年××月××日(手写)

注:本表一式二份,项目监理机构、施工单位各一份。

说明：

一、对应条文

《建设工程监理规范》GB/T 50319—2013第5.2.7条、第5.2.8条、第5.2.14条。

5.2.7 专业监理工程师应检查施工单位为工程提供服务的试验室。

试验室的检查应包括下列内容：

1.试验室的资质等级及试验范围。

2.法定计量部门对试验设备出具的计量检定证明。

3.试验室管理制度。

4.试验人员资格证书。

5.2.8 施工单位的试验室报审表应按本规范表B.0.7的要求填写。

5.2.14 项目监理机构应对施工单位报验的隐蔽工程、检验批、分项工程和分部工程进行验收，对验收合格的应给予签认；对验收不合格的应拒绝签认，同时应要求施工单位在指定的时间内整改并重新报验。

对已同意覆盖的工程隐蔽部位质量有疑问的，或发现施工单位私自覆盖工程隐蔽部位的，项目监理机构应要求施工单位对该隐蔽部位进行钻孔探测、剥离或其他方法进行重新检验。

隐蔽工程、检验批、分项工程报验表应按本规范表B.0.7的要求填写。分部工程报验表应按本规范表B.0.8的要求填写。

二、填表注意事项

（一）本表为报审、报验通用表式，主要用于检验批、隐蔽工程、分项工程的报验。此外，也用于关键部位或关键工序施工前的施工工艺质量控制措施和施工单位试验室、用于试验测试单位、重要材料/构配件/设备供应单位、试验报告、运行调试等其他内容的报审。

（二）有分包单位的，分包单位的报验资料应由施工单位验收合格后，向项目监理机构报验。表中施工单位签名必须由施工单位相应人员签署。

（三）本表用于隐蔽工程的检查和验收时，施工单位自检合格后填报本表，在填报本表时应附有相应工序和部位的工程质量检查记录，报送项目监理机构验收。

（四）用于试验报告、运行调试的报审时，由施工单位完成自检合格，填报本表并附上相应工程试验、运行调试记录等资料及规范对应条文的用表，报送项目监理机构。

（五）用于试验检测单位、重要建筑材料设备分供单位及施工单位人员资质报审时，由试验检测单位、施工单位提供资质证书、营业执照、岗位证书等证明文件（提供复印件的应由本单位在复印件上加盖红章），按时向项目监理机构报验。

表B.0.8　分部工程报验表

工程名称：(工程名称全称)　　　　　　　　　　　　　　　编号：FB-001

致：(项目监理机构全称)(项目监理机构) 　　我方已完成(按建筑工程施工质量验收统一标准的划分填写，例如：地基与基础分部)(分部工程)，经自检合格，请予以验收。 　　附件：分部工程质量控制资料   　　　　　　　　　　　　　　　　　　　　施工项目经理部(盖章)： 　　　　　　　　　　　　　　　　　　　　项目技术负责人(签字)： 　　　　　　　　　　　　　　　　　　　　××××年××月××日(手写)
验收意见： 　　1.分部工程施工已完成； 　　2.各分项工程所含的检验批质量符合设计和规范要求； 　　3.各分项工程所含的检验批质量验收记录完整； 　　4.主体结构安全和功能检验资料核查符合设计和规范要求； 　　5.观感质量一般。   　　　　　　　　　　　　　　　　　　　　专业监理工程师(签字)： 　　　　　　　　　　　　　　　　　　　　××××年××月××日(手写)
验收意见：   　　　　　　　　　　　　　　　　　　　　项目监理机构(盖章)： 　　　　　　　　　　　　　　　　　　　　总监理工程师(签字)： 　　　　　　　　　　　　　　　　　　　　××××年××月××日(手写)

　　注：本表一式三份，项目监理机构、建设单位、施工单位各一份。

说明：

一、对应条文

《建设工程监理规范》GB/T 50319—2013第5.2.14条。

5.2.14 项目监理机构应对施工单位报验的隐蔽工程、检验批、分项工程和分部工程进行验收，对验收合格的应给予签认；对验收不合格的应拒绝签认，同时应要求施工单位在指定的时间内整改并重新报验。

对已同意覆盖的工程隐蔽部位质量有疑问的，或发现施工单位私自覆盖工程隐蔽部位的，项目监理机构应要求施工单位对该隐蔽部位进行钻孔探测、剥离或其他方法进行重新检验。

隐蔽工程、检验批、分项工程报验表应按本规范表B.0.7的要求填写。分部工程报验表应按本规范表B.0.8的要求填写。

二、填表注意事项

（一）本表用于项目监理机构对分部工程的验收。分部工程所包含的分项工程全部自检合格后，施工单位报送项目监理机构。

（二）分部工程质量控制资料包括:《分部（子分部）工程质量验收记录表》及工程质量验收规范要求的质量控制资料、安全及功能检验（检测）报告等。

（三）在分部工程完成后，应根据专业监理工程师签认的分项工程质量评定结果进行分部工程的质量等级汇总评定，填写本表后报项目监理机构。总监理工程师组织对分部工程进行验收，并提出验收意见。

（四）基础分部、主体分部、装饰中验和单位工程报验时，应注意企业自评、设计认可、监理核定、建设单位验收、政府授权的质监站监督的程序。

表B.0.9 监理通知回复单

工程名称：(工程名称全称)　　　　　　　　　　　　　　　编号：HF-001

致：(项目监理机构全称)(项目监理机构)

我方接到编号为 ×××× 的监理通知单后，已按要求完成相关工作，请予以复查。

(逐条回复并附整改后的工程照片)

施工项目经理部(盖章)：

项目经理(签字)：

××××年××月××日(手写)

复查意见：

经现场复查，所存在的问题已经整改完毕，同意进行下一道工序施工。

项目监理机构(盖章)：

总监理工程师/专业监理工程师(签字)：

××××年××月××日(手写)

注：本表一式三份，项目监理机构、建设单位、施工单位各一份。

说明：

一、对应条文

《建设工程监理规范》GB/T 50319—2013第5.2.15条。

5.2.15 项目监理机构发现施工存在质量问题的，或施工单位采用不适当的施工工艺，或施工不当，造成工程质量不合格的，应及时签发监理通知单，要求施工单位整改。整改完毕后，项目监理机构应根据施工单位报送的监理通知回复单对整改情况进行复查，提出复查意见。

监理通知单应按本规范表A.0.3的要求填写，监理通知回复单应按本规范表B.0.9的要求填写。

二、填表注意事项

（一）本表用于施工单位在收到《监理通知单》后，根据通知要求进行整改、自查合格后，向项目监理机构报送回复意见。

（二）收到施工单位报送的《监理通知回复》后，一般由原发出通知单的专业监理工程师对现场整改情况和附件资料进行核查，认可整改结果后，由监理工程师签认。

（三）回复意见应根据《监理通知单》的要求，逐条并简要说明落实整改的过程、结果及自检情况，加附整改后的影像资料等。

表B.0.10 单位工程竣工验收报审表

工程名称：（工程名称全称）　　　　　　　　　　　　　　　　编号：JY-001

<table>
<tr><td>
致：（项目监理机构全称）（项目监理机构）

　　我方已按施工合同要求完成　（单位工程名称）　工程，经自检合格，现将有关资料上报，请予以验收。

　　附件：1.工程质量验收报告。

　　　　　2.工程功能检验资料。

施工单位（盖章）：

项目经理（签字）：

××××年××月××日（手写）

</td></tr>
<tr><td>
预验收意见：

　　经预验收，该工程合格/不合格，可以/不可以组织正式验收。

项目监理机构（盖章）：

总监理工程师（签字、加盖执业印章）：

××××年××月××日（手写）

</td></tr>
</table>

注：本表一式三份，项目监理机构、建设单位、施工单位各一份。

说明：

一、对应条文

《建设工程监理规范》GB/T 50319—2013第5.2.18条。

5.2.18 项目监理机构应审查施工单位提交的单位工程竣工验收报审表及竣工资料，组织工程竣工预验收。存在问题的，应要求施工单位及时整改；合格的，总监理工程师应签认单位工程竣工验收报审表。

单位工程竣工验收报审表应按本规范表B.0.10的要求填写。

二、填表注意事项

（一）本表用于单位（子单位）工程完成后，施工单位自检符合竣工验收条件后，向建设单位及项目监理机构申请竣工验收。

（二）每个单位工程应单独填报。

（三）施工单位已按工程施工合同约定完成设计文件所要求的施工内容，并对工程质量进行了全面自检，在确认工程质量符合法律、法规和工程建设强制性标准规定、符合设计文件及合同要求后，向项目监理机构填报《单位工程竣工验收报审表》。

（四）表中质量验收资料指：能够证明工程按合同约定完成并符合竣工验收要求的全部资料，包括各分部（子分部）工程验收记录、单位（子单位）工程质量控制资料核查记录、单位（子单位）工程安全和功能检验资料核查及主要功能抽查记录、单位（子单位）工程观感质量检查记录表等。对需要进行功能试验的工程（包括单机试车、无负荷试车和联动调试），应提交试验报告。

（五）项目监理机构在收到《单位工程竣工验收报审表》后，应及时组织工程竣工预验收。

表 B.0.11　工程款支付报审表

工程名称：(工程名称全称)　　　　　　　　　　　　　　　　编号：ZF-B001

<table>
<tr><td colspan="2">
致：(项目监理机构全称)(项目监理机构)

　　根据施工合同约定，我方已完成(例如：主体结构1～3层的施工)工作，建设单位应在××××年××月××日前支付该工程款共计(大写)(例如：人民币贰仟玖佰贰拾万贰仟捌佰零贰元整。)

(小写：例如：29202802.00元)，请予以审核。

　　附件：

　　☑ 已完成工程量报表。

　　□ 工程竣工结算证明材料。

　　☑ 相应的支持性证明文件。

施工项目经理部 (盖章)：

项目经理 (签字)：

××××年××月××日 (手写)

</td></tr>
<tr><td colspan="2">
审查意见：

　　1.施工单位应得款为：

　　2.本期应扣款为：

　　3.本期应付款为：

　　附件：相应支持性材料

专业监理工程师 (签字)：

××××年××月××日 (手写)

</td></tr>
<tr><td colspan="2">
审核意见：

　　经审核，专业监理工程师审查结果正确，请建设单位审批。

项目监理机构 (盖章)：

总监理工程师 (签字、加盖执业印章)：

××××年××月××日 (手写)

</td></tr>
<tr><td colspan="2">
审批意见：

建设单位 (盖章)：

建设单位代表 (签字)：

××××年××月××日 (手写)

</td></tr>
</table>

注：本表一式三份，项目监理机构、建设单位、施工单位各一份；

　　工程竣工结算报审时本表一式四份，项目监理机构、建设单位各一份，施工单位二份。

说明：

一、对应条文

《建设工程监理规范》GB/T 50319—2013第5.3.1条、第5.3.2条、第5.3.5条。

5.3.1 项目监理机构应按下列程序进行工程计量和付款签证：

1.专业监理工程师对施工单位在工程款支付报审表中提交的工程量和支付金额进行复核，确定实际完成的工程量，提出到期应支付给施工单位的金额，并提出相应的支持性材料。

2.总监理工程师对专业监理工程师的审查意见进行审核，签认后报建设单位审批。

3.总监理工程师根据建设单位的审批意见，向施工单位签发工程款支付证书。

5.3.2 工程款支付报审表应按本规范表B.0.11的要求填写，工程款支付证书应按本规范表A.0.8的要求填写。

5.3.5 工程竣工结算款支付报审表应按本规范表B.0.11的要求填写，竣工结算款支付证书应按本规范表A.0.8的要求填写。

二、填表注意事项

（一）本表适用于施工单位工程预付款、工程进度款、竣工结算款、工程变更费用、索赔费用的支付申请，项目监理机构对申请事项进行审核并签署意见，经建设单位审批后作为工程款支付的依据。

（二）施工单位应按合同约定的时间，向项目监理机构提交工程款支付报审表。

（三）施工单位提交工程款支付报审表时，应同时提交与支付申请有关的资料，如已完成工程量报表、工程竣工结算证明材料、相应的支持性证明文件。

第五章 智慧监理资料样表

163

表B.0.12 施工进度计划报审表

工程名称：(工程名称全称)   编号：JH-001

致：(项目监理机构全称)(项目监理机构)
根据施工合同的有关规定，我方已完成 <u>(工程名称)</u> 工程施工进度计划的编制和批准，请予以审查。 　　附件：□ 施工总进度计划。 　　　　　□ 阶段性进度计划。   　　　　　　　　　　　　　　　　　　　　　　施工项目经理部(盖章)： 　　　　　　　　　　　　　　　　　　　　　　项目经理(签字)： 　　　　　　　　　　　　　　　　　　　　　　××××年××月××日(手写)
审查意见： 　　经审查，本工程总进度计划施工内容完整，总工期满足合同约定，符合国家相关规定的要求，同意按此进度计划组织施工。 　　(月进度及周进度，应满足总进度计划的要求。)   　　　　　　　　　　　　　　　　　　　　　　专业监理工程师(签字)： 　　　　　　　　　　　　　　　　　　　　　　××××年××月××日(手写)
审核意见： 　　同意按此进度计划组织施工。   　　　　　　　　　　　　　　　　　　　　　　项目监理机构(盖章)： 　　　　　　　　　　　　　　　　　　　　　　总监理工程师(签字)： 　　　　　　　　　　　　　　　　　　　　　　××××年××月××日(手写)

注：本表一式三份，项目监理机构、建设单位、施工单位各一份。

说明：

一、对应条文

《建设工程监理规范》GB/T 50319—2013第5.4.1条、第5.4.2条。

5.4.1 项目监理机构应审查施工单位报审的施工总进度计划和阶段性施工进度计划，提出审查意见，并应由总监理工程师审核后报建设单位。

施工进度计划审查应包括下列基本内容：

1.施工进度计划应符合施工合同中工期的约定。

2.施工进度计划中主要工程项目无遗漏，应满足分批投入试运、分批动用的需要，阶段性施工进度计划应满足总进度控制目标的要求。

3.施工顺序的安排应符合施工工艺要求。

4.施工人员、工程材料、施工机械等资源供应计划应满足施工进度计划的需要。

5.施工进度计划应符合建设单位提供的资金、施工图纸、施工场地、物资等施工条件。

5.4.2 施工进度计划报审表应按本规范表B.0.12的要求填写。

二、填表注意事项

（一）该表适用于施工单位向项目监理机构报审工程进度计划的表格，由施工单位填报，项目监理机构审批。

（二）工程进度计划的种类有总进度计划、年、季、月、周进度计划及关键工程进度计划等，报审时均可使用本表。

（三）施工单位应按施工合同约定的日期，将总体进度计划提交监理工程师，监理工程师按合同约定的时间予以确认或提出修改意见。

（四）群体工程中单位工程分期进行施工的，施工单位应按照建设单位提供图纸及有关资料的时间，分别编制各单位工程的进度计划，并向项目监理机构报审。

（五）施工单位报审的总体进度计划必须经其企业技术负责人审批，且编制、审核、批准人员签字及单位公章齐全。

表B.0.13 费用索赔报审表

工程名称：（工程名称全称）   编号：SP-001

<table>
<tr><td>

致：（项目监理机构全称）（项目监理机构）

    根据施工合同 ××× 条的约定 条款，由于 ＿＿＿＿＿＿＿＿ 原因，我方申请索赔金额（大写）＿＿＿＿＿＿＿＿，请予批准。

索赔理由：

附件：☑ 索赔金额的计算。

       ☑ 证明材料。

施工项目经理部（盖章）：

项目经理（签字）：

×××× 年 ×× 月 ×× 日（手写）

</td></tr>
<tr><td>

审核意见：

    □ 不同意此项索赔。

    ☑ 同意此项索赔，索赔金额（大写）×××。

    同意/不同意索赔的理由：对索赔方提出的理由应逐条响应，并进行有关事项的说明 。

    附件：☑ 索赔审查报告。

项目监理机构（盖章）：

总监理工程师（签字、加盖执业印章）：

×××× 年 ×× 月 ×× 日（手写）

</td></tr>
<tr><td>

审批意见：

建设单位（盖章）：

建设单位代表（签字）：

×××× 年 ×× 月 ×× 日（手写）

</td></tr>
</table>

注：本表一式三份，项目监理机构、建设单位、施工单位各一份。

说明：

一、对应条文

《建设工程监理规范》GB/T 50319—2013第6.4.3条、第6.4.4条。

6.4.3 项目监理机构可按下列程序处理施工单位提出的费用索赔：

1.受理施工单位在施工合同约定的期限内，提交的费用索赔意向通知书。

2.收集与索赔有关的资料。

3.受理施工单位在施工合同约定的期限内提交的费用索赔报审表。

4.审查费用索赔报审表。需要施工单位进一步提交详细资料时，应在施工合同约定的期限内发出通知。

5.与建设单位和施工单位协商一致后，在施工合同约定的期限内签发费用索赔报审表，并报建设单位。

6.4.4 费用索赔意向通知书应按本规范表C.0.3的要求填写；费用索赔报审表应按本规范表B.0.13的要求填写。

二、填表注意事项

（一）该表为施工单位报请项目监理机构审核工程费用索赔事项的用表。依据合同规定，非施工单位原因造成的费用增加，导致施工单位要求费用补偿时方可申请。

（二）施工单位在费用索赔事件结束后的规定时间内，填报费用索赔报审表，向项目监理机构提出费用索赔。表中应详细说明索赔事件的经过、索赔理由、索赔金额的计算，并附上证明材料。证明材料应包括：索赔意向通知书、索赔事项的相关证明材料。

（三）收到施工单位报送的费用索赔报审表后，总监理工程师应组织专业监理工程师按标准规范及合同文件有关章节要求进行审核与评估，并与建设单位、施工单位协商一致后进行签认，报建设单位审批，不同意部分应说明理由。

表B.0.14 工程临时/最终延期报审表（应标注临时或最终）

工程名称:(工程名称全称)   编号:YQ-001

致:(项目监理机构全称)(项目监理机构)

　　根据施工合同 ×××条的约定(条款),由于 _____ 原因,我方申请工程临时/最终延期
×× (日历天),请予批准。

　　附件:1.工程延期依据及工期计算。

　　　　 2.证明材料。

施工项目经理部(盖章):

项目经理(签字):

×××× 年 ×× 月 ×× 日(手写)

审核意见:

☑ 同意工程临时/最终延期 ×× (日历天)。工程竣工日期从施工合同约定的 ×××× 年 ××× 月
×× 日延迟到 ×××× 年 ×× 月 ×× 日。

☐ 不同意延期,请按约定竣工日期组织施工。

　　阐明同意或不同意延期的理由,并请建设单位审批。

项目监理机构(盖章):

总监理工程师(签字、加盖执业印章):

×××× 年 ×× 月 ×× 日(手写)

审批意见:

建设单位(盖章):

建设单位代表(签字):

×××× 年 ×× 月 ×× 日(手写)

注:本表一式三份,项目监理机构、建设单位、施工单位各一份。

说明：

一、对应条文

《建设工程监理规范》GB/T 50319—2013 第 6.5.2 条。

6.5.2 当影响工期事件具有持续性时，项目监理机构应对施工单位提交的阶段性工程临时延期报审表进行审查，并应签署工程临时延期审核意见后报建设单位。

当影响工期事件结束后，项目监理机构应对施工单位提交的工程最终延期报审表进行审查，并应签署工程最终延期审核意见后报建设单位。

工程临时延期报审表和工程最终延期报审表应按本规范表 B.0.14 的要求填写。

二、填表注意事项

（一）依据合同规定，非施工单位原因造成的工期延期，导致施工单位要求工期补偿时采用此申请用表。

（二）施工单位在工程延期的情况发生后，应在合同规定的时限内填报工程临时延期报审表，详细说明工程延期依据、工期计算、申请延长竣工日期，并附上证明材料，向项目监理机构申请工程临时延期。工程延期事件结束，施工单位向工程项目监理机构最终申请确定工程延期的日历天数及延迟后的竣工日期。

（三）收到施工单位报送的工程临时延期报审后，经专业监理工程师按标准规范及合同文件有关章节要求，对本表及其证明材料进行核查并提出意见，签认《工程临时或最终延期审批表》，并由总监理工程师审核后报建设单位审批。工程延期事件结束，施工单位向工程项目监理机构最终申请确定工程延期的日历天数及延迟后的竣工日期；项目监理机构在按程序审核评估后，由总监理工程师签认《工程临时或最终延期审批表》，不同意延期的应说明理由。

表C.0.1 工作联系单

工程名称:(工程名称全称)   编号:LX-001

致:_____

　　(施工过程中,与监理有关的某一方需向另一方或几方告知某一事项或督促某项工作、提出某项建议等。)

发文单位:

负责人(签字)(手签):

××××年××月××日

注:本表一式四份,建设单位、项目监理机构、设计单位、施工单位各一份。

说明：

一、对应条文

《建设工程监理规范》GB/T 50319—2013 第 5.1.5 条。

5.1.5 项目监理机构应协调工程建设相关方的关系。项目监理机构与工程建设相关方之间的工作联系，除另有规定外，宜采用工作联系单形式进行。

工作联系单应按本规范表C.0.1的要求填写。

二、填表注意事项

（一）本表用于项目监理机构与工程建设有关方（包括建设、施工、监理、勘察设计和上级主管部门）相互之间的日常书面工作联系，包括告知、督促、建议等事项。有特殊规定的除外。

（二）工作联系的内容包括：施工过程中，与监理有关的某一方需向另一方或几方告知某一事项或督促某项工作、提出某项建议等。

表C.0.2　工程变更单

工程名称：（工程名称全称） 　　　　　　　　　　　　　　编号：BG-001

<table>
<tr>
<td colspan="2">
致：（建设工程相关方）
　　由于（造成变更的原因）原因，兹提出（变更内容）工程变更，请予以审批。
　　附件：
　　　　□ 变更内容。
　　　　□ 变更设计图。
　　　　□ 相关会议纪要。
　　　　□ 其他。

　　　　　　　　　　　　　　　变更提出单位：
　　　　　　　　　　　　　　　　负责人：
　　　　　　　　　　　　　　　　×××× 年×× 月×× 日（手写）
</td>
</tr>
<tr>
<td>工程数量增／减</td>
<td>（如实填写；没有填"无"）</td>
</tr>
<tr>
<td>费用增／减</td>
<td>（如实填写；没有填"无"）</td>
</tr>
<tr>
<td>工期变化</td>
<td>（如实填写；无变化填"无"）</td>
</tr>
<tr>
<td>

施工项目经理部（盖章）：
项目经理（签字）：
×××× 年×× 月×× 日
</td>
<td>

设计单位（盖章）：
设计负责人（签字）：
×××× 年×× 月×× 日
</td>
</tr>
<tr>
<td>

项目监理机构（盖章）：
总监理工程师（签字）：
×××× 年×× 月×× 日
</td>
<td>

建设单位（盖章）：
负责人（签字）：
×××× 年×× 月×× 日
</td>
</tr>
</table>

注：本表一式四份，建设单位、项目监理机构、设计单位、施工单位各一份。

说明：

一、对应条文

《建设工程监理规范》GB/T 50319—2013第6.3.1条、第6.3.2条。

6.3.1 项目监理机构可按下列程序处理施工单位提出的工程变更：

1.总监理工程师组织专业监理工程师审查施工单位提出的工程变更申请，提出审查意见。对涉及工程设计文件修改的工程变更，应由建设单位转交原设计单位修改工程设计文件。必要时，项目监理机构应建议建设单位组织设计、施工等单位召开论证工程设计文件的修改方案的专题会议。

2.总监理工程师组织专业监理工程师对工程变更费用及工期影响做出评估。

3.总监理工程师组织建设单位、施工单位等共同协商确定工程变更费用及工期变化，会签工程变更单。

4.项目监理机构根据批准的工程变更文件监督施工单位实施工程变更。

6.3.2 工程变更单应按本规范表C.0.2的要求填写。

二、填表注意事项

（一）本表仅适用于依据合同和实际情况对工程进行变更时，在变更单位提出变更要求后，由建设单位、设计单位、监理单位和施工单位共同签认意见。

（二）本表应由提出方填写，写明工程变更原因、工程变更内容，并附必要的附件，包括：工程变更的依据、详细内容、图纸；对工程造价、工期的影响程度分析，及对功能、安全影响的分析报告。

表C.0.3 索赔意向通知书

工程名称:(工程名称全称)   编号:SP-Y001

致:(索赔相关方)

　　根据施工合同 ×××条 (条款)的约定,由于发生了(情况的简单描述)事件,且该事件的发生非我方原因所致。为此,我方向(索赔相对方)(单位)提出索赔要求。

　　附件:索赔事件文字及影像资料

提出单位(盖章):

负责人(签字):

××××年××月××日(手写)

注:本表一式四份,建设单位、项目监理机构、设计单位、施工单位各一份。

说明：

一、对应条文

《建设工程监理规范》GB/T 50319—2013 第 6.4.3 条、第 6.4.4 条。

6.4.3 项目监理机构可按下列程序处理施工单位提出的费用索赔：

1. 在施工合同约定的期限内提交的费用索赔意向通知书。

2. 收集与索赔有关的资料。

3. 受理施工单位在施工合同约定的期限内提交的费用索赔报审表。

4. 审查费用索赔报审表。需要施工单位进一步提交详细资料时，应在施工合同约定的期限内发出通知。

5. 与建设单位和施工单位协商一致后，在施工合同约定的期限内签发费用索赔报审表，并报建设单位。

6.4.4 费用索赔意向通知书应按本规范表C.0.3的要求填写；费用索赔报审表应按本规范表B.0.13的要求填写。

二、填表注意事项

（一）本表适用于工程中可能发生引起索赔的事件后，受影响的单位依据法律法规和合同要求，向相关单位声明/告知拟进行相关索赔的意向。

（二）索赔意向通知书宜明确以下内容：

1. 事件发生的时间和情况的简单描述；

2. 合同依据的条款和理由；

3. 有关后续资料的提供，包括及时记录和提供事件发展的动态；

4. 对工程成本和工期产生的不利影响及其严重程度的初步评估；

5. 声明/告知拟进行相关索赔的意向。

（三）本表应发送给拟进行相关索赔的对象，并同时抄送给项目监理机构。

（四）附索赔事件文字及影像资料。

定期安全检查记录

工程名称：（工程名称全称）

检查日期：_____年____月____日   编号：_____

一、检查负责人：建设单位项目负责人、施工单位项目经理、监理单位总监理工程师。

二、检查人员签字

建设单位：×××

施工单位：（专职安全员签字）×××

分包单位：（专职安全员签字）×××

监理单位：×××

三、注意事项

1.本表作为定期安全检查使用。

2.定期安全检查，每周进行一次。

3.每次检查施工方专职安全人员必须到场。

4.检查范围为：

（1）国家法律法规规定和各级主管部门要求监理工程师所负责的安全管理内容。

（2）监理合同内关于安全管理方面的约定。

（3）监理规划中的关于安全方面的内容。

（4）本表第四项所列内容。

四、检查内容

1.安全管理检查

（1）施工单位安全管理体系是否完善，安全管理制度执行情况，专职安全管理人员是否到位。

（2）安全资金使用是否按计划实施。

（3）依照安全生产责任目标考核制度，对管理人员定期考核情况。

（4）施工组织设计、专项施工方案安全方面内容的实施情况。

（5）对超过一定规模危险性较大的分部分项工程，按专家方案实施情况。

（6）施工单位安全检查制度应完善，按制度实施情况，是否有安全检查记录。

（7）事故隐患的整改是否做到定人、定时间、定措施。

（8）对重大事故隐患整改通知书所列项目，按期整改和复查情况。

（9）安全教育培训制度是否完善及制度实施情况。

（10）施工人员入场应进行三级安全教育培训和考核情况。

（11）从事施工、安全管理和特种作业人员培训情况。

（12）项目经理、专职安全员和特种作业人员持证上岗情况。

（13）主要施工区域、危险部位悬挂规定的安全标志；是否按部位和现场设施的变化调整安全标志设置。

（14）现场安全标志布置图；设置重大危险源公示牌。

2.各工种作业人员安全防护措施是否符合要求

3.高处作业吊篮检查

包括安全装置、悬挂机构、钢丝绳、安装作业、升降作业安全防护、吊篮稳定等（包含但不限于列举项）。

4.脚手架

各类型脚手架的设置，施工方案及审批是否符合要求、安全防护、安全作业，稳定性、检查验收情况等要符合要求（由于脚手架种类较多，各项目部应当按相关标准严格检查）。

5.基坑工程检查

包括基坑支护、降排水、基坑开挖、坑边荷载、安全防护、基坑监测、支撑拆除、作业环境等。

6.模板支架检查

包括支架基础、支架构造、支架稳定（与建筑结构连接、基础沉降和架体变形监测）、施工荷载（堆放均匀、是否超载、堆放高度）、杆件连接、底座与托撑、构配件材质、支架拆除等。

7.高处作业检查

包括"三宝、四口、五临边"、攀登作业、悬空作业、移动式操作平台、悬挑式物料钢平台等。

8.施工用电

包括外电防护、接地与接零保护系统、配电线路、配电箱与开关箱、配电室与配电装置、现场照明等。

（1）所有用电设备是否按临电方案要求执行，"三级配电，两级保护"是否完善。

（2）检查所有配电箱、开关箱管理及专职电工持证上岗、相关书面检查记录。

9.施工现场起重机械检查

包括：塔吊、塔基、施工电梯、物料提升机、外用电梯、起重吊装等起重机械（包含但不限于列举项）。

（1）警戒监护、专职管理人员是否到位（持证上岗）；

（2）安装验收是否合格；

（3）验收程序是否完善；

（4）日常维护检查和相关记录是否按时记录；

（5）构件码放是否符合要求。

10.其他

可能导致意外伤害事故发生的分部分项工程：按照相关规范及操作规程要求，对施工现场进行检查。

11.施工机具安全措施是否完善

包括：挖掘机、打夯机、对焊机、电渣压力焊、插入振动器、碘钨灯、钢筋机械、压刨机、平刨机、气瓶、桩工机械等。

12.应急预案及应急设备

（1）应急救援组织运行情况；

（2）应急救援人员在岗情况；

（3）应急救援演练实施情况；

（4）应急救援器材和设备情况。

13.消防器材的配置是否符合要求

14.生活区安全检查

包括：用电管理、防火设备配备情况等。

五、施工现场存在的实际问题。 （根据内容调整表格大小）	图片（可调整表格大小）
	图片（以下根据内容添加）

六、整改措施（处理意见）。

（限期整改合格后回复监理复查）

记录人：	总监/专监：	日期：

注：本表一式四份，建设单位、项目监理机构、设计单位、施工单位各一份。

监理智慧化服务创新与实践

危险性较大分部分项工程巡视检查记录

工程名称：（工程名称全称）　　　　　　　　　　　　　编号：_____

巡视检查时间：	记录编号：

| 危险性较大分部分项工程名称及部位： ||

巡视检查内容：

　　1.专职安全生产管理人员现场监督情况　　□已到位　　□未到位

　　2.检查特种作业人员、设备、设施　　　　□符合　　　□不符合

　　3.安全技术交底　　　　　　　　　　　　□已进行　　□未进行

　　4.执行专项方案及强制性条文　　　　　　□符合　　　□不符合

　　5.现场作业是否具备条件　　　　　　　　□具备　　　□不具备

　　6.其他事项

存在问题：(并附影像资料)

处理意见：

备注：

巡视检查监理人员(签字)：

总监理工程师(签字)：

× × ×（工程名称，一号，宋体，居中加粗）

监理规划

（↑黑体，加粗，初号）

编　制：＿＿＿＿＿＿（总/专业监理工程师）

审　批：＿＿＿＿＿＿（监理单位技术负责人）

（↑宋体，加粗，四号）

（↓宋体，四号，加粗，大写日期）

永明项目管理有限公司（公章）
年　　月　　日

（注：正式封面禁止出现红色字样）

×××（工程名称，一号，宋体，居中加粗）

监理实施细则

（↑黑体，加粗，初号）

（土建安装）

编 制：＿＿＿＿＿＿＿（总/专业监理工程师）

审 批：＿＿＿＿＿＿＿（总监理工程师）

（↑宋体，加粗，四号）

（↓宋体，四号，加粗，大写日期）

永明项目管理有限公司（公章）
年 月 日

（注：正式封面禁止出现红色字样）

××× （工程名称，一号，宋体，居中加粗）

监理实施细则

（↑黑体，加粗，初号）

（桩基工程）

编　制：＿＿＿＿＿＿＿＿（总/专业监理工程师）

审　批：＿＿＿＿＿＿＿＿（总监理工程师）

（↑宋体，加粗，四号）

（↓宋体，四号，加粗，大写日期）

永明项目管理有限公司（公章）
年　　月　　日

（注：正式封面禁止出现红色字样）

监理智慧化服务创新与实践

× × ×（工程名称，一号，宋体，居中加粗）

监理实施细则

（↑黑体，加粗，初号）

（土方与支护）

编　制：＿＿＿＿＿＿＿＿（总/专业监理工程师）

审　批：＿＿＿＿＿＿＿＿（总监理工程师）

（↑宋体，加粗，四号）

（↓宋体，四号，加粗，大写日期）

永明项目管理有限公司（公章）
年　　月　　日

（注：正式封面禁止出现红色字样）

× × ×（工程名称，一号，宋体，居中加粗）

监理实施细则

（↑黑体，加粗，初号）

（节能工程）

编　制：＿＿＿＿＿＿＿（总/专业监理工程师）

审　批：＿＿＿＿＿＿＿（总监理工程师）
　　　　　　　　（↑宋体，加粗，四号）

（↓宋体，四号，加粗，大写日期）

永明项目管理有限公司（公章）
年　月　日
（注：正式封面禁止出现红色字样）

××× （工程名称，一号，宋体，居中加粗）

监理实施细则

（↑黑体，加粗，初号）

（幕墙工程）

编　制：＿＿＿＿＿＿＿（总/专业监理工程师）

审　批：＿＿＿＿＿＿＿（总监理工程师）
　　　　　　　（↑宋体，加粗，四号）

（↓宋体，四号，加粗，大写日期）

永明项目管理有限公司（公章）
年　月　日
（注：正式封面禁止出现红色字样）

×　×　× （工程名称，一号，宋体，居中加粗）

监理实施细则

（↑黑体，加粗，初号）

（消防工程）

编　制：＿＿＿＿＿＿（总/专业监理工程师）

审　批：＿＿＿＿＿＿（总监理工程师）

（↑宋体，加粗，四号）

（↓宋体，四号，加粗，大写日期）

永明项目管理有限公司（公章）
年　　月　　日

（注：正式封面禁止出现红色字样）

×　×　×（工程名称，一号，宋体，居中加粗）

监理实施细则
（↑黑体，加粗，初号）

（人防工程）

编　制：＿＿＿＿＿＿＿（总/专业监理工程师）

审　批：＿＿＿＿＿＿＿（总监理工程师）
（↑宋体，加粗，四号）

（↓宋体，四号，加粗，大写日期）

永明项目管理有限公司（公章）
年　月　日
（注：正式封面禁止出现红色字样）

××× （工程名称，一号，宋体，居中加粗）

安全监理实施细则

（↑黑体，加粗，初号）

（危大工程）

编　制：＿＿＿＿＿＿＿＿（总/专业监理工程师）

审　批：＿＿＿＿＿＿＿＿（总监理工程师）
　　　　　　（↑宋体，加粗，四号）

（↓宋体，四号，加粗，大写日期）

永明项目管理有限公司 （公章）
年　月　日
（注：正式封面禁止出现红色字样）

监理智慧化服务创新与实践

××× （工程名称，一号，宋体，居中加粗）

监理实施细则

（↑黑体，加粗，初号）

（旁站）

编　制：_____（总/专业监理工程师）

审　批：_____（总监理工程师）

（↑宋体，加粗，四号）

（↓宋体，四号，加粗，大写日期）

永明项目管理有限公司（公章）

年　月　日

（注：正式封面禁止出现红色字样）

× × ×（工程名称，一号，宋体，居中加粗）

工程质量评估报告

（↑黑体，加粗，初号）

（桩基础子分部验收）

（宋体小一号加粗）

编　制：＿＿＿＿＿＿＿＿（总/专业监理工程师）

审　批：＿＿＿＿＿＿＿＿（监理单位技术负责人）

（↑宋体，加粗，四号）

（↓宋体，四号，加粗，大写日期）

永明项目管理有限公司（公章）
年　月　日

（注：正式封面禁止出现红色字样）

× × × （工程名称，一号，宋体，居中加粗）

工程质量评估报告
（↑黑体，加粗，初号）

（地基基础分部验收）
（宋体小一号加粗）

编　制：＿＿＿＿＿＿＿（总/专业监理工程师）

审　批：＿＿＿＿＿＿＿（监理单位技术负责人）
（↑宋体，加粗，四号）

（↓宋体，四号，加粗，大写日期）

永明项目管理有限公司（公章）
年　月　日
（注：正式封面禁止出现红色字样）

×××（工程名称，一号，宋体，居中加粗）

工程质量评估报告

（↑黑体，加粗，初号）

（主体分部验收）

（宋体小一号加粗）

编　制：_____（总/专业监理工程师）

审　批：_____（监理单位技术负责人）

（↑宋体，加粗，四号）

（↓宋体，四号，加粗，大写日期）

永明项目管理有限公司（公章）
年　月　日
（注：正式封面禁止出现红色字样）

× × ×（工程名称，一号，宋体，居中加粗）

工程质量评估报告

（↑黑体，加粗，初号）

（节能分部验收）

（宋体小一号加粗）

编　制：＿＿＿＿＿＿（总/专业监理工程师）

审　批：＿＿＿＿＿＿（监理单位技术负责人）

（↑宋体，加粗，四号）

（↓宋体，四号，加粗，大写日期）

永明项目管理有限公司（公章）
年　月　日

（注：正式封面禁止出现红色字样）

×　×　× （工程名称，一号，宋体，居中加粗）

工程质量评估报告

（↑黑体，加粗，初号）

（消防专项验收）

（宋体小一号加粗）

编　制：＿＿＿＿＿＿＿＿（总/专业监理工程师）

审　批：＿＿＿＿＿＿＿＿（监理单位技术负责人）

（↑宋体，加粗，四号）

（↓宋体，四号，加粗，大写日期）

永明项目管理有限公司（公章）
年　　月　　日

（注：正式封面禁止出现红色字样）

×　×　×（工程名称，一号，宋体，居中加粗）

工程质量评估报告
（↑黑体，加粗，初号）

（人防专项验收）
（宋体小一号加粗）

编　制：＿＿＿＿＿＿＿（总/专业监理工程师）

审　批：＿＿＿＿＿＿＿（监理单位技术负责人）
（↑宋体，加粗，四号）

（↓宋体，四号，加粗，大写日期）

永明项目管理有限公司（公章）
年　　月　　日
（注：正式封面禁止出现红色字样）

××× （工程名称，一号，宋体，居中加粗）

工程质量评估报告

（↑黑体，加粗，初号）

（单位工程竣工验收）

（宋体小一号加粗）

编　制：＿＿＿＿＿＿＿（总/专业监理工程师）

审　批：＿＿＿＿＿＿＿（监理单位技术负责人）

（↑宋体，加粗，四号）

（↓宋体，四号，加粗，大写日期）

永明项目管理有限公司（公章）
年　月　日
（注：正式封面禁止出现红色字样）

××× （工程名称，一号，宋体，加粗）

监理工作总结

（↑黑体，加粗，初号）

编　制：_____ （总监理工程师）

（↑宋体，加粗，四号）

（↓宋体，四号，加粗，大写日期）

永明项目管理有限公司（公章）

年　月　日

（注：正式封面禁止出现红色字样）

第六章　专家在线服务平台管理

一、工程监理

基本规定

1.随着筑术云信息化智能监理服务平台在永明公司省内外监理项目中的普遍运用，作为筑术云信息化系统之一的专家在线服务平台，也成为项目监理人员开展智能监理服务的一项基本内容。

2."专家在线服务平台"是在互联网模式下的开放的信息化智能服务平台，是以大数据和云服务为基础，整合行业优秀专家资源，为广大运用筑术云的用户（专家）提供全方位、全过程、一体化的智能管理服务。

3.专家服务平台目前由"全过程工程咨询平台""工程监理在线平台""招标代理在线平台""造价咨询在线平台"等多个板块构成，以下仅对"工程监理在线平台"作出规定。

4."工程监理在线平台"提供工程监理项目文件、资料审核与编制、工程技术指导等专家在线服务。

5."工程监理在线平台"的服务流程如图6-1所示。

二、技术标准

专家在线服务平台及专家使用的技术标准应符合国家、行业、地方和永明项目管理有限公司企业标准《智能监理工作手册》相关规定。并以《智能监理工作手册》相关内容为依据，项目监理部项目负责人（总监）及所有在线平台专家应严格按《智能监理工作手册》统一标准和要求，进行文件、资料编制与审核。

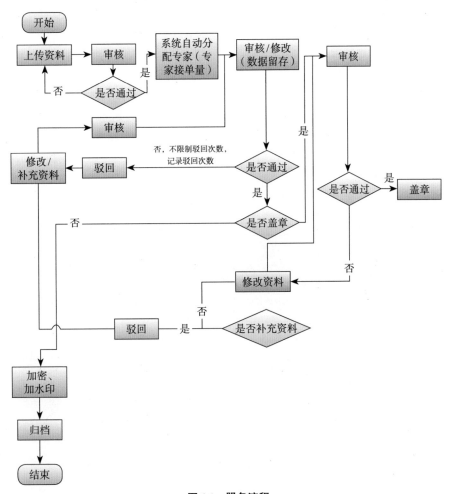

图6-1 服务流程

三、在线人员组成及职责

1.在线人员组成：由专家团队、系统维护管理人员、客服人员、审批人组成。

2.在线人员职责：

（1）专家团队负责对平台订单的审核或编制。

（2）系统维护管理人员负责专家在线服务平台的运营管理、优化和升级。

（3）公司审批人仅对在线专家审核和编制的盖公司印章部分文件资料进行审核。

（4）专家团队由技术部从永明专家库中根据专家意愿挑选并按照评选标准确定。

3.技术部负责在线平台专家的日常管理、信息维护和相关技术培训。

4.技术中心对不称职的在线专家进行更换。

5.专家在审核资料的过程中应履行下列职责：

（1）负责审核项目监理部提交的资料，并一次性提出修改意见。

（2）认真对待每一笔业务，对自己的订单负全面责任。

（3）配合有关部门做好对审核结果引起的质疑和投诉处理工作。

（4）接单后需在两个工作日内审核完毕。

（5）在线专家应在约定的期限内提交合格的文件、资料，并按专家在线审核程序由审核小组审核通过。

四、项目监理资料提交与审核

1.项目监理部应按下列"各类资料提交上传时间表"中所列资料类型提交相应资料。

2.项目监理部提交的资料和重新提交的资料须满足下列"各类资料提交上传时间表"中的时限要求，如有特殊原因导致无法按规定时限上传，应提前向平台说明情况。

3.在建项目（无论项目规模大小），应按时上传公司规定的各类监理信息资料。平台工作人员应定期或不定期将对在建项目资料上传情况进行全数核查。

4.监理规划应在第一次项目会议前7日内上传专家在线审核、监理实施细则等各类资料，提交上传时间按表6-1所示执行。

各类资料提交上传时间表　　　　　　　　　　　表6-1

序号	项目	提交上传	备注
1	监理规划	提前7个工作日	盖章前7个工作日
2	评估报告	提前5个工作日	相应工序施工完成后，验收会议召开前5个工作日
3	工作总结	提前3个工作日	盖章前3个工作日
4	方案类	提前5个工作日	1.包括：监理细则、各种方案等；2.各方案应在相应工序施工前报审
5	监理日志、旁站记录	资料产生后1个工作日内	监理日志应在次日9点前上传
6	监理例会纪要、监理月报	资料产生后1个工作日内	
7	定期安全检查记录	资料产生后1个工作日内	
8	监理通知单、工作联系单	资料产生后1个工作日内	
9	方案报审报验表	资料产生后1个工作日内	施工组织设计、施工方案、专项施工方案
10	过程类报审报验表	资料产生后1个工作日内	包括各类报审报批文件，如：检验批、工序等
11	其他	资料产生2个工作日内	

5.项目监理文件、资料，在初次上传后，由流程自动或人工派单给任一平台专家审核（也可由专家抢单），经平台专家判定项目监理信息资料不合格时，将返回项目修改后重新上传审核。

6.下列情况视为资料造假：

（1）时间与内容填写不对应；

（2）连续三天日志内容雷同（停工除外）；

（3）当天监理日志在17：00以前上传；

（4）所有资料填写内容与现场情况不一致；

（5）两份及两份以上文件内容数据雷同。

7.凡项目部对专家在线资料审核有异议的可提出申诉，并按以下程序进行处理：

（1）项目部可通过筑术云专家在线平台提问功能上传审核截图及资料附件，并详细阐明审核异议相关问题后进行提交。

（2）有关资料审核问题的投诉与问题的解答须按照《智能监理工作手册》相关内容为依据。

（3）技术部将委派第三方专家进行解答，并第一时间予以回复。

（4）若提出申诉的项目部对第三方专家解答意见仍有异议，可通过筑术云邮件将详细申诉事宜发至技术部工作人员邮箱，由技术部再次组织相关专家作出最终处理意见。

（5）为维护公平、公正的原则，第一次申诉程序为线上网络投诉和网络解答（不见面）；第二次复议由公司督导法务部、技术部、终审专家和双方当事人线下复议，会议由技术部主持，处理决定由与会五方签字。

（6）投诉一旦成立，当事人双方需履行义务，并承担经济责任。

8.需要公司盖章资料应在流程状态显示为"完成"后方可携带资料及对应流水号到公司盖章，凡盖章流程未通过前来加盖公司公章者，技术部一律不予受理。

9.项目监理部上传资料，经审核合格后流程自动加设水印。

10.需补盖公章的资料应提交新流程，将审批通过并盖章的资料一并上传，如没有附带审批通过的文件，将按重复提交新流程对待。

11.凡主管部门或建设单位要求使用指定样式的表格，经在技术部备案后，项目监理部方可按主管部门或建设单位要求使用指定样式的表格编制后上传专家在线审核。

12.监理实施细则纳入三级审核。

13.其他规定：

（1）电子版资料上传时应采用"资料名称+时间"的命名格式，如"监理日志20170812"。

（2）若项目监理部一天之内同一类型资料产生两次或以上，则在名称末尾加序号，如"监理通知单2017081201"。

（3）若项目监理部上传的资料为图片格式，应将图片插入同一Word文档中上传。

14.对于上传的所有资料，原则上是按照先后顺序进行审核，如有紧急资料，请致电技术部。

15.项目监理部实行总监负责制，产生的所有问题问责现场总监（总代）。

16.专家在线相关事宜将纳入总监考核管理办法。

第七章　项目监理智慧化服务内容及措施

一、 智慧监理项目部建设标准

　　监理费在500万元以上的监理项目，应在项目监理机构成立后，及时搭建、配置满足项目需要的信息化建设标准的项目部（图7-1）。

图7-1　信息化建设标准项目部

1.网络信息化配置

（1）网络系统

1.0标准：项目监理部需配备至少1台且满足现场需求数量的电脑，必须联网，开通不低于30M的网络，使用IE8版本及以上浏览器或360安全浏览器（设置兼容模式）。

2.0标准：项目监理部需配备至少2台且不少于监理人数的1/3数量，并满足现场需求的数量电脑，所有电脑必须联网，开通不低于100M的网络，使用IE8版本及以上浏览器或360安全浏览器（设置兼容模式）。

3.0标准：项目监理部需配备至少2台且不少于监理人数的1/2数量，并满足现场需求的数量电脑，必须全部联网，开通不低于300M的网络，使用IE8版本及以上浏览器或360安全浏览器（设置兼容模式）。

（2）手机APP系统

项目监理部全员必须安装筑术云手机APP（含视频会议系统及视频监控系统）。

（3）监视器

视频头需满足以下要求：

1.0标准：监理每个办公室、会议室、施工现场各安装至少1个视频头。

2.0、3.0标准：在1.0基础上，在施工现场塔吊或制高点视具体情况，安装7寸以上高清网络球机（防水）的视频头，确保施工现场全覆盖。

每个监理办公室、会议室必须至少安装1个带拾音功能的视频头，如图7-2所示。

视频资料上传知识库永久储存。

图7-2 监视器

（4）显示屏

1.0标准：配备1～2台。

2.0标准：配备尺寸不低于37英寸的显示屏3台，并排布置；连接远程网络

监理智慧化服务创新与实践

视频系统如图7-3所示。

图7-3　显示屏

3.0标准：配备尺寸不低于42英寸的拼接屏9块，九宫格布置；连接远程网络视频系统如图7-4所示。

图7-4　拼接屏显示屏

（5）其他设备

2.0及3.0标准均需配备专门的远程视频会议系统设备（图7-5）。

2. 监理人员着装配置

（1）安全帽

安全帽：使用带公司LOGO标志、符合《头部防护安全帽》GB 2811—2019标准的白色安全帽，公司徽标为三色套印，字体高度：19mm，徽标规格为48mm×36mm（图7-6）。

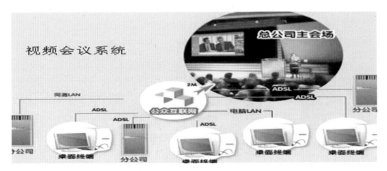

图7-5　视频会议系统

图7-6　安全帽

（2）工作服

上衣：夏装采用白色条纹衬衫式短袖上衣，春秋装为公司统一制式的蓝色夹克上衣，冬季为公司统一制式的蓝色防寒冲锋衣。工裤为公司统一制式的西装长裤（图7-7）。

图7-7　工作服

（3）工作牌

上岗证尺寸为105mm×74mm。照片统一为两寸照片，下方标明项目名称、姓名、职务，并加盖项目印章。工作证样式（正反面图片）如图7-8所示。

图7-8　工作牌

3.办公设施配置

（1）电脑

项目部电脑要与公司办公自动化系统联网。配置要求：采用英特尔酷睿I3及以上处理器，内存不低于4G，硬盘不低于500G，同一项目显示器尺寸应一致（图7-9）。

图7-9　电脑

（2）打印机

配备具有扫描功能的打印机，且能满足工作需求（图7-10）。

（3）无人机辅助系统

如图7-11所示。

（4）饮水机

配备立式饮水机（图7-12）。

图7-10　打印机

图7-11　无人机

图7-12　饮水机

（5）照相机

配备不低于2000万像素的照相机，或者具备照相功能且像素不低于1200万的手机（图7-13）。

图7-13　照相机

（6）看图桌

规格1200mm×1000mm×800mm，材质颜色应与办公室其他设施相近或一致（图7-14）。

图7-14 看图桌

（7）办公桌

配备统一的办公桌椅，数量不少于项目监理部人数。

（8）会议桌

仅3.0标准配置，具体要根据办公室大小及需求配置（图7-15）。

图7-15 会议桌

（9）资料柜

规格为1800mm×850mm×400mm的乳白色资料柜。

1.0标准：配备数量满足需求且不少于1个。

2.0标准：配备数量满足需求且不少于2个。

3.0标准：配备数量满足需求且不少于3个。

（10）资料盒

规格：235mm×320mm×55mm（图7-16）。

1.0标准：配备数量满足需求且不少于30个。

2.0标准：配备数量满足需求且不少于50个。

3.0标准：配备数量满足需求且不少于80个。

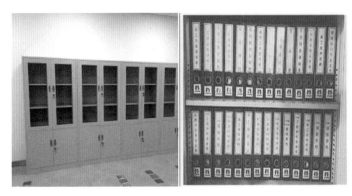

图7-16　资料盒

（11）资料盒标签

资料盒侧面设置资料类别标签：按公司模板统一制作。

资料盒侧面底部张贴带有公司LOGO的方形标签（图7-17）。

永明项目管理有限公司

资产管理单			
项目名称	XXX项目监理部	负责人	XXX
物品名称	档案柜	编号	01
所属部门	XXX分公司	进场日期	2016.11.10

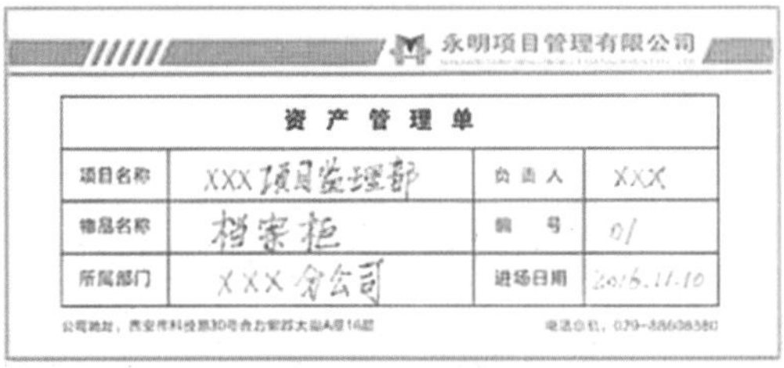

图7-17　资料盒标签

（12）资料盒摆放顺序（可建立分册）

①法律法规文件；②资质文件；③工程建设审批文件；④合同类文件；⑤勘察设计类文件；⑥监理指导操作文件；⑦监理过程文件；⑧质量控制文件；⑨进度控制文件；⑩投资控制文件；⑪安全监理文件；⑫施工组织设计方案专项方案往来函件。

（13）日志旁站等监理资料

用A4纸将审核通过的资料进行打印，按公司资料装订标准进行装订，每本装订厚度不超过2.5cm。封面附项目效果图，如图7-18所示。

（14）收发文本

尺寸为210mm×285mm，封面用150g铜版纸，内页用80g双胶纸（图7-19）。

4.上墙图表配置

（1）晴雨表

1.0标准：公司制式尺寸为750mm×500mm。

2.0及3.0标准：材质及尺寸由广告公司设计确定，如图7-20所示。

图7-18 监理资料

图7-19 收发文本

图7-20 晴雨表

（2）项目效果图（略）

（3）总平面图（略）

（4）项目总进度计划（略）

（5）项目监理部人员通信录（略）

备注：（2）（3）（4）项的2.0及3.0标准：材质及尺寸由广告公司设计确定。

5.室外标识配置

（1）外架LOGO标识

外架LOGO标识（配图，文字为"永明智能监理"）建筑物施工高度大于10m时在建筑防护外架醒目位置，蓝底白字（背景色值：C100 M79 Y0 K0；字体色值：C0 M0 Y0 K0），在建高度低于40m时，要求规格为1800mm×1500mm；高于40m以上时，规格为3000mm×2500mm。

（2）项目部标识

1.0标准：无。

2.0标准：规格为500mm×700mm，字体高度80mm×100mm。

3.0标准：①3.0办公室外部：正面上部为"×××项目智能监理部"，紧邻下方为LED滚动屏；侧面为"永明智能监理公司LOGO"。②3.0办公室内部：材质及尺寸具体由广告公司根据实际情况设计。

（3）门牌

办公室门口上部标识牌，规格为320mm×120mm（图7-21）。

图7-21　门牌

6.项目部展板配置

项目部标准化展板包括：①项目组织机构；②监理业务流程；③工程质量控制监理程序；④工程进度控制监理程序；⑤工程投资控制监理程序；⑥资料

管理程序；⑦总监理工程师职责；⑧专业监理工程师岗位职责；⑨监理员岗位职责；⑩网络信息化管理专员职责；⑪项目监理部安全生产职责；⑫总监理工程师六项规定；⑬监理人员工作守则；⑭廉洁自律守则共14块，尺寸为500mm×700mm按顺序悬挂。其中安全生产职责、总监职责以及总监理工程师六项规定安装在总监理办公室中。

备注：2.0、3.0标准展板尺寸及材质可根据情况重新设计制作。

7.项目监理部检测仪器与智慧办公设施配置清单

（1）项目监理部检测仪器配置清单表

检测仪器配置清单如表7-1所示。

检测仪器配置清单 表7-1

序号	名称	规格或型号	配备数量
1	游标卡尺	0～100mm，精度0.01mm	2把
2	千分尺	25～50mm，50分度，精度0.02mm	2把
3	靠尺	200mm×55mm×25mm	2把
4	塞尺	XG-1型0～10mm	2把
5	5m卷尺	5m钢卷尺	每人1把
6	50m钢尺	50m钢卷尺	1把
7	水准仪	不低于DS3	1台
8	回弹仪	不低于HT-225	1台
9	工具包	通用型工程类工具包	2个

（2）项目监理部智慧办公设施配置清单表

1）监理费在200万元以上的监理项目，应在项目监理机构成立后，及时搭建、配置满足项目需要的信息化建设标准的项目部，并有视频监控系统、无人机、网络计算机、手机APP等信息化2.0或3.0配置。

信息化2.0主要配置（10人为例）标准如表7-2所示。

信息化2.0主要配置 表7-2

设备名称	规格型号	数量	备注
总监理办公室	2.8m×5.85m	≥16.38m²	
信息资料室	2.8m×5.85m	≥16.38m²	
信息化监理办公室	2.8m×5.85m×2间	≥49.14m²	
办公桌	组合	10个工位	
文件柜	1800mm×860mm	4个	
计算机	E6500	10台	

设备名称	规格型号	数量	备注
打印机	HP1008	1台	
计算器	200ML台式	1个	
无人机	大疆4K高清	1个	
高清网络球机	7寸以上（防水）	4个	
高清网络枪机	200W以上（防水）	4个	需使用海康威视设备，设备数量为最低要求，可增加
室内摄像头	带拾音功能	2个	
硬盘录像机	满录像存储3个月以上	1个	
拼接大屏	55寸3×1	3个组合	
专用控制电脑	CPU I5 内存8G以上	1个	

信息化3.0主要配置（10人为例）标准如表7-3所示。

信息化3.0主要配置 表7-3

设备名称	规格型号	数量	备注
总监理办公室	2.8m×5.85m	≥16.38m²	
信息资料室	2.8m×5.85m	≥16.38m²	
信息化监理办公室	2.8m×5.85m×3间	≥49.14m²	
办公桌	组合	10个工位	
文件柜	1800mm×860mm	4个	
计算机	E6500	10台	
打印机	HP1008	1台	
计算器	200ML台式	4个	
无人机	大疆4K高清	2个	
高清网络球机	7寸以上（防水）	4个	
高清网络枪机	200W以上（防水）	4个	需使用海康威视设备，设备数量为最低要求，可增加
室内摄像头	带拾音功能	2个	
硬盘录像机	满录像存储3个月以上	1个	
拼接大屏	55寸3×3	9个组合	
专用控制电脑	CPU I5 内存8G以上	1个	
视频会议摄像头	按会议室大小配置	1个	
全向麦克风	带视频推流功能	1个	

2）监理费在200万元以下的监理项目，按照公司制定的1.0标准执行。

信息化1.0主要配置（5人为例）标准如表7-4所示。

设备名称	规格型号	数量	备注
信息资料室	2.8m×5.85m	≥16.38m²	
信息化监理办公室	2.8m×5.85m×2间	≥32.76m²	
办公桌	组合	5个工位	
文件柜	1800mm×860mm	2个	
计算机	E6500	5台	
打印机	HP1008	1台	
计算器	200ML台式	1个	
室内摄像头	带拾音功能	2个	

二、项目监理智慧化服务管理规定

（1）项目监理人员应根据现场施工情况，运用筑术云视频监控系统进行24小时值班巡视监控，应将运用筑术云视频监控系统产生的现场图片、视频等信息资料发送项目工作群，每日不少于50张，用于指导施工单位对施工现场存在的问题进行整改，为建设单位对项目建设及时下达指令，提供可靠信息和依据。

（2）施工现场的摄像头须在全覆盖的基础上重点对准施工重点部位、关键工序和作业环境，保持视频监控画面清晰、正常使用。

（3）项目监理人员须对视频监控画面实时下载录像或截屏拍照，施工过程中重要环节的影像资料及时上传至公司数据库存储，每天不少于50张。

（4）项目监理人员须通过筑术云视频监控系统，对施工现场存在的安全质量问题，及时下发整改通知单和安全巡视检查记录，填写完成的整改通知单和安全巡视检查记录应在次日10点之前上传至专家在线。

（5）项目监理人员须通过筑术云信息化系统结合现场监理对施工过程中关键节点、重要部位以及危险性较大的分部、分项工程进行全过程旁站，并及时填写旁站记录，填写完成的旁站记录应在次日10点之前上传至公司专家在线。

（6）项目监理人员须应用筑术云信息化系统，开展信息化监理工作。项目监理机构成立后，项目监理人员须及时申请公司技术中心网络信息部开通项目监理人员筑术云账号信息，协助公司建立后台网络信息管理平台，安装筑术云信息化系统，并保持项目网络信号畅通。

（7）项目监理人员须运用施工现场视频监控系统、无人机、网络计算机、手机APP等对项目工程质量、造价、进度、安全等进行信息化管控。

（8）项目监理人员应通过施工现场视频监控系统+现场监理对确定旁站的关键部位、关键工序，进行全方位、全过程旁站。

（9）项目监理人员须通过运用筑术云视频监控系统对项目监理实施过程中所产生的监理信息资料实时上传公司专家在线平台审核。

（10）公司后台视频工作人员、专家，应通过网络信息管理平台查看项目监理情况、工程建设情况，强化公司对项目实施三级管理。

（11）公司网络信息部须对项目监理机构上传的信息影像资料安全性负责。

三、项目监理智慧化服务内容及措施

（一）施工准备阶段的监理智慧化服务内容及措施

1.应用BIM技术对施工组织设计、专项方案进行分析，并针对施工过程中的重点难点加以可视化虚拟施工分析，并在BIM数据平台按时间顺序进行施工方案优化。如：屋面工程、楼层及地下室管线、管道、通风、桥架等安装工程。

2.应用BIM技术快捷地进行施工模拟与资源优化，进而实现资金的合理化使用与计划。

3.总监理工程师应组织项目监理人员运用网络信息化手段开展准备阶段的监理智慧化工作。

4.项目监理部根据《建设工程监理规范》GB 50319—2000相关规定，工程项目开工前，监理人员参加由建设单位主持召开的第一次项目会议及由项目监理机构主持召开专题会议的会议室，应安装视频监控系统，方便进行特殊情况下的视频会议。

（二）施工阶段工程质量控制的监理智慧化服务内容及措施

1.项目监理机构积极采用智能信息化开展施工阶段工程质量控制监理工作：

（1）通过网络信息管理平台建立质量BIM模型标准数据库。

（2）通过网络信息管理平台制订关键WBS节点的质量控制计划。

（3）通过网络信息管理平台填写质量表格，并生成质量报告。

（4）通过网络信息管理平台查看监理单位的质量控制情况，填写质量整改通知单。

（5）通过网络信息管理平台建立质量通病及纠正预防措施信息库。

（6）通过网络信息管理平台记录跟踪及影像资料的归档备案。

（7）运用筑术云会议视频系统组织召开监理例会、质量专题会议，并在会议中明确各参建单位在本工程建设中的质量责任。

2.项目监理机构在施工现场安装能够覆盖整个施工现场的视频监控系统，并通过运用该系统采取巡视、旁站、现场见证取样与平行检验等手段，发现施工存在的质量问题或施工单位采用不适当的施工工艺或施工不当行为，造成工程质量不合格的，签发监理通知单、工程暂停令（事先与建设单位沟通），要求施工单位整改。

3.项目监理机构监理人员通过运用视频监控系统和现场巡视对工程施工质量进行检查。

4.项目监理机构通过运用视频监控系统结合现场监理对工程的关键部位或关键工序的施工质量进行智慧化监理旁站。

5.对旁站的关键部位、关键工序，应按照时间或工序形成完整的记录。必要时可通过信息化监控大屏或手机APP监控画面截屏，或到现场进行拍照、录像，记录当时的施工过程。

（三）造价控制中的监理智慧化服务内容及措施

1.项目监理机构采用信息智能技术，掌握施工单位的材料进场时间；通过施工现场的视频画面，项目监理人员可以对工程量及造价进行整体管控。

2.应用BIM技术审核施工单位编制的施工组织设计，对主要施工专项方案进行技术经济分析和比较。

3.积极采用新技术、新材料、新工艺，协助施工单位优化施工方案，对设计变更进行技术经济比较，严格控制设计变更，发挥监理的技术优势，提出合理化建议，节约开支，提高综合经济效益，降低成本。

4.通过采用智能信息技术进行资源负荷分析、实际使用量分析跟踪和作业上的实际成本支出分析。

5.采用智能信息技术构建工程计划与BIM模型相结合，建立BIM的5D施工资源信息模型（3D实体、时间、工序）关系数据库，让实际成本数据及时进入5D关系数据库，通过施工模拟，成本汇总、统计、拆分对应即时可得。

6.建立实际成本BIM模型，周期性（月、季）按时调整维护好该模型，及时将数据归集到信息管理成本目录。

（四）工程进度控制中的监理智慧化服务内容及措施

1.项目监理机构利用网络信息视频监控系统，检查施工进度计划节点的实施情况，发现实际进度严重滞后于计划进度且影响合同工期时，签发监理通知单，要求施工单位采取调整措施加快施工进度。

2.项目监理机构通过施工现场视频监控系统所采集的信息影像资料，比较分析工程施工实际进度与计划进度，预测实际进度对工程总工期的影响，并应在监理月报中向建设单位报告工程实际进展情况。

3.进度控制中的监理技术措施。

（1）监理人员要求施工单位建立多级网络计划和施工作业计划体系；增加同时作业的施工面；采用高效能的施工机械设备；采用施工新工艺、新技术，缩短工艺过程间和工序间的技术间歇时间。

1）运用网络信息化进行工程计划管理。通过横道图比较法、前锋线比较法、S曲线比较法、香蕉曲线比较法和净值法等方法进行项目进度计划管理。通过定义资源、分配资源、更新资源、分析资源，对资源实施跟踪管理，达到费用控制目的，以及建立质量计划、安全计划等，采取相关节点落实到人的责任制度，对项目的质量、安全、设计、采购进行全方位管理。

2）通过网络信息管理平台进行工程计划评审，记录跟踪及归档备案。

（2）针对项目多个系统工程和多个专业，为了保证工期目标的实现，项目监理机构制定出分项、分部工程的里程碑工期节点，如土方施工、基础施工、主体施工、室内外装饰、室外综合管网、绿化景观施工等，在关键线路上的关键工作必须按节点完成。具体要求如下：

1）做好工期策划，树立工期计划的严肃性，并不得擅自违背工期计划和发生工期滞后现象。当确有必要进行工期调整时，必须经充分论证后方可对工期计划进行局部调整。

2）明确参建各方的进度控制目标，重点抓好关键工期，避免因图纸供应、设备材料供应不力等因素而影响工期计划。要求施工单位编制网络计划图，找出关键线路上的关键工作，并对其关键线路上的关键工作严格控制，按节点完成。

3）多工种穿插作业，科学组织施工。

（五）安全生产管理的监理智慧化服务内容及措施

1.项目监理机构根据法律法规、工程建设强制性标准，履行建设工程安全生产管理的监理职责，对具备一定规模（监理费300万元以上）的工程项目配备专职安全监理人员，并将项目监理机构投入的智能信息化设备和采取的安全生产管理的监理工作内容、方法和措施编入安全监理规划及安全监理实施细则中；对超过一定规模的危大工程须编制危大工程安全监理实施细则，建立危大工程安全管理档案。

2.项目监理机构运用网络信息视频监控系统（包括手机APP）和现场巡视，检查危险性较大的分部分项工程专项施工方案实施情况。发现未按专项施工方案实施时，应签发监理通知单，要求施工单位按照相关专项施工方案实施。

第八章 智慧监理培训

一、培训目的

1.为践行公司信息化管理、智慧化服务的发展战略，并满足公司日益增长的人才需求，打造一支规范化、标准化、流程化、信息化的高素质、高水平的队伍，提高智能信息化科技产品—筑术云在机关及监理项目的全面应用。

2.建立智慧监理人才培养平台，创建行业人才集散地和人才培养基地，为行业提供各类各层级智慧型专业人才，输出智慧化产业人才；最终形成监理行业人才生产线产业链。

二、培训对象

1.建设工程领域、建设监理行业管理人员。

2.筑术云智能信息化管控平台使用者、全国战略联盟企业合作者。

三、培训内容

一是开展建设工程相关的法律法规、政策及建设工程监理规范的培训和学习，旨在提高建设工程监理人员的法律法规意识，提高监理人员的风险控制能力，规范监理人员的行为准则；二是开展建设工程监理人员各专业技术的培训和学习，旨在提高监理人员的专业技术水平和解决问题的能力；三是开展智能信息化科技产品—筑术云使用及操作的培训和学习，旨在提高筑术云智能信息化管控平台使用者、全国战略联盟企业合作者对筑术云的应用能力和监理智慧化服务水平。

四、培训方式

以线上线下视频会议形式进行现场和远程培训。

五、培训方法

制订培训计划，成立培训服务小组，分别进行线上线下筑术云系统使用的讲解及培训，培训完成后再统一进行线上线下通关考试。

六、培训时间

按年度培训及通关考试计划、时间安排，采取定期与不定期、通知与预约的方式由商学院统一安排培训时间。

七、培训任务

培训不单是为了个人能力提升，更重要的是着眼于组织能力提升。我们作为传统与互联网相链接的平台公司，是没有标杆，可复制的，如何将筑术云与传统的业务链接，如何在培训的过程中将筑术云与专业完美结合，同时实现内部人才培养与平台用户的人才培养同步，将永明商学院打造成为中国建筑服务业中的信息职业化学院，一切将在公司从监理、造价、代理、全过程工程咨询四大板块主营业务发展到信息化智能管控服务平台"永明模式"的升级转型过程中水到渠成。

商学院的任务从为公司内部发展而承担的人才生产线建设任务，扩展为对内培养提升员工能级和对外吸引外部人员参加培训并筛选优秀人才加入永明，同时满足为平台用户（行业人才培养与复制）做培训服务，建立起一支强有力的为平台用户提供培训服务的培训师队伍。

结合以上任务需求，商学院各分院工作联动，先训练出一支集监理、网络信息技术、营销、造价、代理、全过程咨询六大板块的培训师队伍，培训师为能上讲台、能实战的一线员工，由培训师复制培训师，满足公司内部培养合格岗位人才的需要，同时满足对用户培训服务的需要。

培训师选拔和培养方式具体如下：

智能监理培训师从监理项目一线选拔，每个岗位先选拔3～5名骨干员工，将其迅速培训成不但能应用"筑术云"信息化做好本岗位工作，并且能讲好如何应用"筑术云"信息化的内训师。由成为内训师的员工每人复制培养5～10名本岗位内训师，同时对该内训师做培训师专业训练，将其培训成能对用户做相应培训服务的培训师，为平台用户提供线上线下的智能监理人才培养服务。以此类推，网络信息技术、营销、造价、代理、全过程咨询亦如此。

　　培训不只是为了个人能力提升，同时也着眼于组织能力提升，因此主要就是基于岗位责任和角色所需要的能力差距，也结合赋能过程和实战项目。人才培养以学、练、考、评、赛组合并进行通关考试。

八、商学院管理系统

　　组织结构形式如图8-1所示。

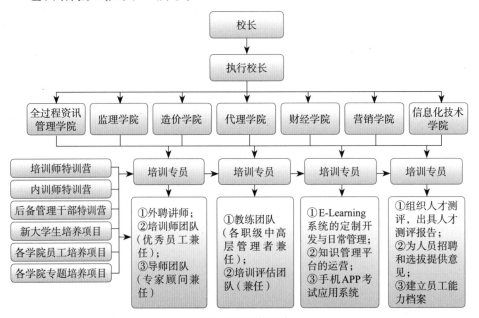

图8-1　组织结构形式

　　商学院一盘棋，分院之间资源共享，相互联动，相互借鉴，相互支持，每个分院的内训师、培训师、专家教练选拔原则、选拔标准统一化，最终形成永明商学院内训师团队、培训师团队、专家团队。专家团队与筑术云在线专家交互，专家价值最大化，平台可共享。

第九章　新兴技术应用与管理

当前我国经济发展的重要特点是新兴信息技术应用发挥了重要的引领和赋能作用，新型基础设施建设不断加速，5G、人工智能、物联网、大数据等广泛应用，建筑工业智能化等新业态层出不穷，数据、知识、智力人才等新型生产要素快速集聚并高效配置，它将推动建筑工业智能化体系加速建成。

在建筑工业智能化体系建设的过程中，我国各地新基建的融合倍增效应逐步释放。智能信息技术在建设监理行业中的引领作用愈发凸显，智能信息技术赋能已成为实现建设监理行业转型升级的关键路径。作为建设工程监理要与时俱进，学会并掌握新兴技术原理，并能在工程建设中应用与管理。

一、BIM技术应用与管理

1. BIM技术应用的功能模块

BIM技术应用的功能模块如表9-1所示。

BIM技术应用功能模块

表9-1

序号	模块建立	BIM技术应用功能
1	初步设计方案分析及优化	1.设计阶段通过对结构、能耗等进行方案分析，对建筑性能进行模拟、优化； 2.施工阶段利用模型进行三维审图、虚拟建造、施工方案、工艺进行优化
2	专业工程深化设计选型	对建筑幕墙、室内装饰等进行方案分析、造型模拟、优化、备选
3	图纸会审及修改	运用电子施工图，通过三维动画立体碰撞、检查施工图中存在的设计问题，提出修改方案
4	施工方案模拟及优化	对深基坑支护及土方开挖方案模拟、支模架系统方案模拟、二次结构施工方案模拟等工程施工的重难点、关键点，以及危险性较大的分部、分项工程进行施工方案、工艺流程的模拟及优化

序号	模块建立	BIM技术应用功能
5	场地布置	通过三维建模进行施工场地布置，在施工过程中，对不同阶段的场地布置及时进行优化
6	进度控制	对施工实际进度与计划进度进行对比，分析进度计划的合理性，在施工过程中，及时进行人、材、机等资源配置，对工程进度进行有效控制，确保按计划实施
7	投资控制	对项目决策阶段项目目标成本制定、设计招投标阶段报价、施工阶段的造价控制、竣工验收阶段的结算等；在施工过程中，可通过BIM模型进行工程量统计、工程量审核，对投资基础数据分析进行阶段性投资控制等
8	质量控制	通过样板引路模型的创建对质量控制点的跟踪控制等
9	安全管理	通过施工现场大型机械设备、脚手架搭设、临边防护三维模型的创建、辅助编制、审查安全专项方案及现场安全技术交底等
10	数字化加工	应用BIM技术对预制混凝土板生产、管线预制和钢结构进行数字化加工进行监控
11	模拟拼装	通过BIM技术对钢结构复杂构件模型的创建、拼装处理进行预控
12	运维管理	通过BIM技术对消防系统、照明系统、监控系统等，形成完备的竣工模型，用于运维管理
13	集成创新应用	BIM技术与施工现场门禁系统、3D扫描仪、测量定位装置的集成；BIM技术与筑术云信息管控平台的集成应用；并在装配式建筑施工管理中应用

2. BIM技术应用的管理规定

（1）项目监理人员应了解并熟练掌握BIM技术，并能够应用BIM技术审核施工组织设计和专项施工方案。必要时，也可与建设单位在签订全过程工程咨询合同时，约定在项目中推广应用BIM技术，一般一个工程项目应共用一套BIM技术。

（2）根据公司与建设单位签订的全过程咨询合同相关条款的约定、项目的特点、规模和创优目标，由监理单位投入采用BIM技术时，应符合下列要求：

1）公司监理项目投资在5000万元以下的房建项目须强制要求应用BIM技术。

2）公司监理项目投资在5000万元（含）至8000万元的房建项目，项目监理人员可进行针对性的局部建模，模型精度不低于LOD200级，进行场地布置、方案施工模拟及优化等BIM技术应用，应用模块数量不少于3项。

3）公司监理项目投资在8000万元（含）至1亿元的房建项目，项目监理人员应针对主体工程至少完成一栋主要建筑物的建筑、结构及主要的机电专业模型，主要建筑物模型精度不低于LOD300级；至少在工程施工阶段应用BIM技术，模拟分析及优化、多专业协同、场地布置、进度管理、质量安全管理、方案施工模拟及优化、物料管理等，应用模块数量不少于5项。

4）公司监理项目投资在1亿元（含）以上，或建筑面积2万㎡（含）以上的政府投资工程、大型公共建筑、省市重大工程监理项目，监理人员须要求施工单位建立满足工程范围和内容的建筑模型，按照施工图纸要求，至少完成一栋主要建筑物的全专业模型。主要建筑物模型精度不低于LOD400级；要求结合监理项目特点在项目全生命周期内开展BIM技术应用，应用点数量不少于8项。

5）项目监理人员应要求施工单位所有申报的"新技术应用示范工程"和"绿色施工示范工程"项目必须采用BIM技术。

6）项目监理人员应关注或明确要求创建省部级以上创优目标的监理项目，应结合工程特点和创优目标的具体要求，积极开展BIM技术研究和推广应用，其应用要求不低于第4）条规定。

7）项目监理人员在审查施工单位编制的脚手架支模系统、深基坑支护与土方开挖等安全专项施工方案时，利用BIM技术的三维信息模型功能辅助工程概况介绍、方案选择与施工工艺流程表达，并对审批安全专项施工方案进行三维可视化交底；鼓励施工单位在结构及设备安装、起重吊装等危险性较大分部分项工程安全专项方案编制过程中研究与应用BIM技术。

8）在项目BIM技术应用过程中，应及时收集并分类保存过程中的电子文档资料，并应对所应用的BIM技术效果、效益进行分析总结。

9）在项目BIM技术应用过程中，应以通过技术创新提高生产力为目的，将BIM技术与生产管理流程紧密结合，大胆尝试创新应用，公司应鼓励项目监理人员形成基于BIM技术研究与应用对施工工法、专利、论文等技术成果。

二、大数据技术应用与管理

1.大数据采集技术

大数据采集主要是通过人工录入、网络爬虫、物联网设备等方面将数据通过多种途径采集到筑术云平台系统中。

2.大数据预处理技术

主要完成对已接收数据进行抽取、过滤等操作。

（1）抽取：在数据抽取过程中，应将某些复杂的数据转化为单一的或者便于处理的类型，以达到快速分析处理的目的。

（2）过滤：对于没有价值并错误的干扰项等"废"数据应通过过滤"去噪"，

提取出有效数据。

3.大数据存储及管理技术

（1）数据存储包含业务数据库存储、文件存储等。重要的特征指标为数据的完整性、保密性、稳定性、存储容量等。

（2）大数据存储与管理要用存储器把采集到的数据存储起来，建立相应的数据库，并进行管理和调用。

（3）目前，筑术云各大系统采集的数据都已经存储到数据库中，部分视频数据采用分布式存储；文件存储采用阿里的NAS存储。

4.大数据分析及挖掘技术

利用大数据，获取不同维度提炼、分析及挖掘用户所需要的数据。

5.大数据展现与应用技术

（1）大数据技术应能够将隐藏于海量数据中的信息和知识挖掘出来，为人类的社会经济活动提供依据，提高各个领域的运行效率，提高整个社会经济的集约化程度。

（2）筑术云与SmartBI合作，对筑术云数据根据不同的客户需求，自定义所需要的图表、报表等统计信息，并与设置的标准阈值对比，系统自动给出对应的结果及预警提醒。

（3）建立项目势态图，方便各级领导直接进入项目查看实时动态，了解项目的进展情况、质量和安全文明施工情况以及监理人员履职情况，如图9-1所示。

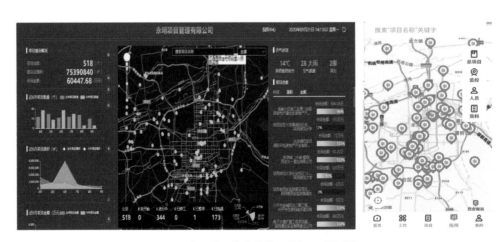

图9-1　永明公司信息化管理数据BI界面图

三、人工智能技术应用与管理

1.人工智能技术特点

（1）模拟人类思维

现代人工智能技术在数据驱动的背景下，其决策结果反映了人的思维过程。因为人工智能技术是仿照人脑创造出来的智能体系，它通过对海量数据的学习，找出一定的规律，按照规则采集外部信息，并将这些信息自动整合，筛选出有用的信息，完成数据处理和输出工作，做出与人类相似的决策，在一定程度上代替人类完成复杂的脑力劳动。

（2）高效率处理

人工智能技术具有速度快、效率高的特点，采用计算机作为主要设备，拥有强大的测算和服务系统，按照设定的程序代码，实现数据的快速分析，并及时输出结果，反映问题并解决问题，同时对数据进行分析的时候，不会因为计算机程序的问题而漏掉某一环节或出现计算错误，排除主观性，准确度高，避免由于人的疏忽错漏而导致任务失败。

（3）自主学习记忆

人工智能技术还具有学习、记忆的功能，可以将新内容与内部信息关联起来，进行筛选和提炼，并存储起来，完成数据的更新，且在每一次运行过程中，通过各种算法技术，如神经网络算法等，实现迭代学习。

2.人工智能在工程监理中的应用管理功能

（1）数据归类和数据标准

人工智能在工程监理应用中，需要事先对项目数据结构建立标准，即提前进行分类、定义、逻辑关系分析和建模。对这些数据的建模能够让计算机通过机器算法来学习、归纳和推演，为项目管理者提供更好的决策帮助。例如，利用数据算法分析以往案例数据，列出各类风险因素影响表，再对现有场景进行风险分析，提供管理者相应的风险应对措施等。

（2）人工智能与其他技术的融合

在对项目建设环境风险感知的风险控制方面，需要进一步研究人工智能与传感器（含RFID）、GPS、二维码、摄像（含虚拟现实功能）、激光扫描、无人机、物联网等技术的融合方法，以达到自动监测与识别各种风险因素、提高管理风险控制信息等效果。

四、云计算技术应用与管理

云计算技术应基于互联网的超级计算模式，来提供大型计算能力和动态易扩展的虚拟化资源。云计算是一种大规模集中的服务模式，服务器端可以通过网格计算，提供高性能的计算能力、存储服务、应用和安全管理等；客户端可以根据需要，动态申请计算、存储和应用服务，在降低硬件、开发和运维成本的同时，大大拓展客户端的处理能力，筑术云目前采用的微服务开发、集群部署、负载均衡等技术，已经使用云计算技术。

五、物联网技术应用与管理

1.物联网技术概念

物联网是将各种信息传感设备，如射频装置、红外感应器、全球定位系统、激光扫描等各种装置与互联网结合起来而形成的一个巨大网络，其目的是让所有的物品都与网络连接在一起，系统可以自动、实时地对物体进行识别、定位、追踪、监控并触发相应事件。实现人与物、物与物之间的连接，将任何时间、任何地点，连接到任何人，扩展到连接任何物品。

2.物联网在建设项目应用管理中应具备下列功能

（1）建筑工程的质量追溯

建筑工程质量追溯系统是以建筑施工全过程的产业链为主线，以施工工艺的设计参数为基础，利用RFID技术（二维码标识等）不断丰富其相关信息，包括原材料、设备、构配件采购、加工、施工、安装环节、检验验收及运维等全生命周期的质量数据，实现建筑工程质量的全过程可追溯。

（2）建筑工程的安全监督

1）物联网技术在建筑工程施工中应贯穿建筑工程质量的全寿命周期，在原材料、设备、构配件采购、加工、施工、安装环节、检验验收及运维等环节发挥作用。重点监督的施工节点包括地基基础、主体结构施工、装饰装修、水电暖安装、临边及高处作业、临时用电安全防护等。利用物联网技术对建筑工程的安全生产各环节进行实时监控，及时发现安全问题，保证安全生产。

2）借助物联网、GPS定位技术，实时采集现场管理人员的位置信息，实现对现场管理人员有效跟踪。

3）按照建设标准化管理的要求，形成基于位置信息的监理跟踪、考核和评价模型；通过项目管理相关数据的真实性校验，实现建筑工程安全处于可控状态，为项目管理提供决策支持。

4）可以根据用户需求，按建设单位、施工单位、监理单位进行分区管理，并根据需求设定相关管理权限。借助物联网、GPS定位技术，实时采集现场管理人员的位置信息，实现对现场管理人员有效跟踪。按照建设标准化管理的要求，通过项目管理相关数据的真实性校验，实现建筑工程安全处于可控状态，为项目管理提供决策支持。

①现场管理人员实时位置的监控。

②信息服务功能。

③现场管理人员信息的管理、标注功能。

④现场管理人员信息的及时上传，特别是现场视频、照片的上传。

⑤轨迹存储、回放功能，记录所监控移动目标的运动轨迹、速度和时间，必要时，应具有重新回放显示功能。

⑥现场管理工作数据自动统计。

⑦数据备份与打印输出、工程情况报表输出等。

六、区块链技术应用与管理

1.开放性的管理

（1）利用区块链技术具有的开放性特征，对存储于筑术云信息化系统的数据知识库，除了各项目被加密的保密信息资料、数据外，下列创建区块链技术的文档、信息、数据应具有开放性：

1）现行国家、行业和地方法律、法规及相关技术标准。

2）国家、行业和地方的政策性文件。

3）建设工程监理规范。

4）公司管理规定、管理制度等文件。

5）经公司规定可以对外公开的信息、数据。

（2）对所有人公开，任何人都可以通过公开的接口查询区块链数据和开发相关的工程技术应用，整个系统信息、数据应高度透明。

2.自治性的管理

利用区块链采用基于协商一致的规定和协议（比如一套公开透明的算法）使得整个系统中的所有节点能够在信任的环境中自由安全的交换数据，使得对"人"的信任改成了对机器的信任，任何人为的干预都不起作用。

3.信息不可篡改性、安全性的管理

企业的信息经过验证后应及时添加至区块链，永久地存储起来，除非能够同时控制住系统中超过51%的节点，否则单个节点上对数据库的修改是无效的，应保证区块链的数据稳定性和可靠性得到极大的提高。

第十章　智慧化服务案例

一、西咸金融项目智慧化服务案例

1.本项目工程概况

永明项目管理有限公司监理的西咸金融港项目是西咸新区重点项目，用地面积46062m²，总建筑面积约为27万m²，其中地上建筑面积199427m²，地下70573m²。以办公为主，集展示、商业、多功能用途、地下车库等为一体。自2017年3月开工至2019年12月竣工，工期目标36个月，实际竣工33个月；计划投资目标15亿元；质量目标为"长安杯"，争创"鲁班奖"。工程总承包单位为中国建筑股份有限公司。该项目建设标准高，工期紧，任务重，是大西安新中心中央商务区建设中的智慧工地，绿色示范工程。

2.工程施工重点、难点

丝路经济带能源金融贸易区起步区一期项目4号地块建设工程由1栋23层办公楼（附属4层裙楼）、3栋9层办公楼、1栋14层办公楼（附属4层裙楼）及3栋四层办公楼组成。

工程主要重点分析如下：

（1）基坑外周边场地狭窄，基础及地下室施工阶段需预留施工马道及部分纯地下室区域，需合理进行施工部署及总平面布置。

（2）本工程正负零的标高变化多，高低跨多，且场地大而且不规则，对标高的控制以及轴线的定位是本项目测量管控的重点。

（3）本工程承包范围齐全，专业分包多，特别是钢结构的生产组织是本项目确保进度管理的重点，也是做好总包管理的重点。

（4）本工程有钢结构、外幕墙、精装、机电等多个专业的深化设计，如何保证各专业深化设计质量及其相互之间的配合以确保项目进度与创优目标是本项目管理的重点。

（5）出地面建筑物外框柱均为圆柱，总计860根混凝土圆柱，圆柱成型质量为项目质量管控的重点。

主要工程难点分析如下：

（1）地下室单层建筑面积大，资源需求量大，与地上标准层建筑面积相比资源需求不均衡，资源组织难度大。

（2）项目工期较紧，暂定为730个日历天，对施工组织要求高。

（3）本工程为丝路经济带能源金融贸易区起步区首批工程，施工质量及现场标准要求较高，项目影响大、要求高。

（4）高支模区域广，地下车库单层面积约53000m²，层高普遍为6.70m以上，对支模体系要求较高。

（5）项目钢结构总量约14496t（暂估），其中钢结构体量最大的4-A楼（约11126t）西侧及南侧道路均不可堆场占用，如何协调钢结构堆场及吊运问题成为项目施工的难点（图10-1）。

图10-1　项目实景照片

（6）项目北侧、西侧部分车库位于已建能源二路、金融一路底部，如何控制开挖时间及做好场地内交通组织是本项目的重点、难点。

上述特点给工程的施工、管理等方面带来一定的难度。正式施工前必须围绕这些难点进行详细分析，在要求施工单位有针对性地制定应对措施和技术方案的同时，监理单位在施工过程管理中将应用智能信息化科技手段进行严格管理和控制。

3.智慧化服务措施

该项目监理部监理人员一人一台电脑，集成化办公、桌椅等标准化配置（图10-2），应用公司自主研发的"筑术云"智能信息化科技产品，在本项目实施过程中，监理人员对工程质量、安全、进度、造价和扬尘治理等开展信息化管理、智慧化服务，取得显著效果，实现工期提前3个月竣工；造价控制在计划投资范围内；质量被评为"长安杯"，申报"鲁班奖"；施工过程中安全无事故。具体特点如下：

（1）根据本工程特点，监理部在施工现场安装了4个360°旋转摄像头和监理办公室智能化视频监控系统。监理人员通过应用智能化视频监控系统+现场巡视，可以24小时全方位、全过程对施工现场进行旁站监控，一旦发现施工现场质量、安全问题，监理人员能够及时通知施工单位进行整改。尤其是在工程主体混凝土结构、钢结构施工、防水工程施工等质量安全管控、消防防汛、扬尘治理、黄土覆盖等管理方面取得的显著效果（图10-3）。

图10-2　办公环境标准化配置

图10-3　主体混凝土结构、钢结构施工视频监控系统

（2）质量控制：在西咸金融港项目监理过程中，为了达到国家现行工程质量验收规范规定的质量标准和监理规划及合同中明确的本工程为国家优质工程的要求，以及安全和使用功能满足设计要求的质量目标，监理部采取了组织措施、技术措施、经济措施及合同措施，同时采取了事前、事中和事后控制措施。对钢筋焊接、搭接、直螺纹连接位置及比例、地下室混凝土浇筑、屋面防水施工以及钢结构焊接、螺栓连接等关键部位、关键工序设置了质量控制点，应用智能视频监控系统实施24小时全方位、全过程旁站监理，监督承包单位严格按技术规范和施工图纸要求施工。该项目监理人员在对材料进场、工程隐蔽、关键部位、薄弱环节施工管控中充分发挥了智能信息化监督管理的作用，彻底改变了以往监理"假旁站"不作为现象（图10-4、图10-5）。

图10-4　应用智能化视频监控系统　　　　图10-5　钢结构焊接质量检测

（3）安全管理：

1）建立健全安全监理管控体系。建立监理安全管控体系主要是健全危大工程安全管控体系和各项管理制度。按照要求，已将危大工程列入监理规划和安全监理实施细则，并编制了专项危大工程安全监理细则。对危险性较大分部、分项工程建立动态监理台账，旁站监督，在加强对施工现场安全巡视检查的同时，利用智能化视频监控系统对施工现场危大工程管控情况进行24小时有效监督。

2）严格安全管控流程。特别是严格对危大工程安全管控流程。监理部严把方案编审关，严把方案交底关，严把方案实施关，严把工序验收关。对危大工程的高支模工程，监理部组织了三方联合验收，确保施工安全（图10-6）。

图10-6　监理部组织对危大工程的高支模工程三方联合验收

3）强化安全管控责任。主要强化单位主体安全管控责任和从业人员安全管控责任。针对塔吊等机械设备，建立巡视检查验收记录和台账。以安全监理工程师为主的监理部人员分工明确，责任到位，实行按区域包干制，各组分管保平安。监理人员在巡视检查中发现施工现场存在安全隐患，及时下发通知单，并督促施工单位进行整改。

（4）治污减霾，扬尘治理。监理部组织施工和监理人员定期召开"治污减霾专题会议"。会上要求大家认真学习《西安市城乡建设委员会关于印发〈西安市建设工地施工扬尘治理"六个百分百"指导图例〉的通知》《西咸新区建筑工地扬尘管理办法》等文件和"园区关于省委环保督查迎检动员会""西咸新区能源金融贸易区治污减霾工作推进会"两个会议精神。在专题学习会上要求大家按照文件要求做到"六个百分百""七个不放过"和"十九条管理规定"，推进施工现场扬尘治理工作。在扬尘治理工作推进中，监理部能够充分发挥监理人员的督导作用。监理部及时对监理规划增添治污减霾、扬尘治理方面新内容，并编制治污减霾、扬尘治理监理实施细则。监理人员在加强对施工现场治污减霾、扬尘治理巡视检查的同时，充分利用智能化视频监控系统对施工现场治污减霾、扬尘治理情况进行24小时有效监督管理（图10-7）。及时发现问题，及时通知施工单位进行了整改。在西咸新区、园区、城投及管理公司领导下，通过各方的努力，西咸金融港项目得到西咸新区丝路经济带能源金融贸易区安全生产监督管理办公室和规划建设环保局及质监站多次表扬。

图10-7　利用智能化视频监控系统对施工现场治污减霾进行24小时监督管理

（5）监理部全面推行"网络信息化、规范化、标准化"的智慧化服务与管理。应用"筑术云"专家在线服务平台及时编制监理规划和土建、安装、钢结构、节能、消防、治污减霾、安全及危大工程等方面的监理实施细则。工程施工质量、安全、治污减霾方面的关键部位、关键工序旁站记录齐全，电子版监理日志记录详细，监理例会纪要、监理检查记录、监理通知单等要求整改回复及时。所有监理资料整理有序，并进行胶装归档，规范化、标准化（图10-8）。

图10-8　项目监理资料整理有序、胶装归档

（6）BIM技术在本项目中的应用。本项目监理人员与施工单位共应用一套BIM技术，对本项目各单体及地下室车库安装工程施工实施BIM技术管理，在施工之前，样板先行，如图10-9、图10-10所示。本工程最大施工亮点就是监理人员能在"严"字上把好关，要求施工单位在"细"字上下功夫，秉承"工匠精神"，用承诺和智慧雕塑新时代的艺术品。指导项目充分利用BIM技术进行深化设计，确保本项目各单体及地下室车库上部空间管线施工规范、整齐美观。

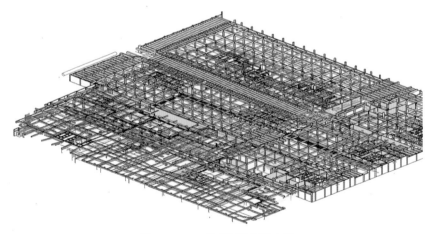

图10-9　BIM技术深化设计方案

4.智慧化服务成果

（1）2017年、2018年、2019年三年被评为"陕西省西咸新区监理企业先进单位"（图10-11、图10-12）。

（2）《西咸新区丝路经济带能源金融贸易区建设工程质量安全监督站2017年一季度安全检查通报》表彰；房建类项目综合排名：西咸金融港（4号地块）第一名。

图 10-10　BIM 技术在本项目中的应用示例

图 10-11　获奖情况

图 10-12　获奖情况

（3）《西咸新区丝路经济带能源金融贸易区规划建设局2017年二季度安全质量检查通报》表彰；房建类项目综合排名：西咸金融港（4号地块）前三名。

（4）《西咸新区丝路经济带能源金融贸易区规划建设局2017年三季度安全质量检查通报》表彰；房建类项目综合排名：西咸金融港（4号地块）前二名。

（5）《西咸新区丝路经济带能源金融贸易区建设工程质量安全监督站2017年7

月安全质量、扬尘治理及监理工作大检查通报》表彰；房建类项目综合排名：西咸金融港（4号地块）第一名；监理单位排名：永明项目管理有限公司（西咸金融港项目监理部）第一名。

（6）《西咸新区丝路经济带能源金融贸易区建设工程质量安全监督站2017年四季度安全检查通报》表彰；房建类项目综合排名：西咸金融港（4号地块）第一名。

（7）《西咸新区丝路经济带能源金融贸易区建设工程质量安全监督站2018年一季度安全检查通报》表彰；房建类项目综合排名：西咸金融港（4号地块）第一名。

（8）《西咸新区丝路经济带能源金融贸易区规划建设局2018年二季度安全质量检查通报》表彰；房建类项目综合排名：西咸金融港（4号地块）前三名。

（9）《西咸新区丝路经济带能源金融贸易区规划建设局2018年三季度安全质量检查通报》表彰；房建类项目综合排名：西咸金融港（4号地块）前二名。

（10）《西咸新区丝路经济带能源金融贸易区建设工程质量安全监督站2018年7月份安全质量、扬尘治理及监理工作大检查通报》表彰；房建类项目综合排名：西咸金融港（4号地块）第一名；监理单位排名：永明项目管理有限公司（西咸金融港项目监理部）第一名。

（11）《西咸新区丝路经济带能源金融贸易区建设工程质量安全监督站2018年四季度安全检查通报》表彰；房建类项目综合排名：西咸金融港（4号地块）第一名。

（12）2018年10月，西咸金融港项目A主楼被评审为"陕西省优质结构工程""长安杯"、陕西省绿色示范工程、创新技术应用工程。

（13）2018年9月，西咸金融港项目被评审为陕西省文明工地、陕西省西咸新区文明工地。

（14）2019年，西咸金融港项目国家优质工程"鲁班奖"申报中。

二、西安地铁6号线项目智慧化服务案例

1.项目概况

侧坡车辆段与综合基地为西安市首批实行TOD上盖开发的车辆段，项目除综合楼外全部进行上盖开发，侧坡车辆段造地面积约16.2万㎡。盖下部分有运用库、检修库、咽喉区、洗车库以及污水处理站等地铁功能设施；上盖业态为高层住宅，由地块东、南侧设置引桥进入上盖地坪（图10-13）。

图 10-13　项目实景图

项目位于西安市地铁六号线一期工程线路南端，与国际医学站接轨。项目概算约23亿元，位于高新区及长安区两个行政区域。

侧坡车辆段TOB上盖开发后，总建筑面积达19.6万㎡，位居同批次立项上盖的车辆段之首（图10-14）。

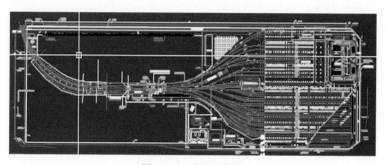

图 10-14　项目分部图

2.项目特点

西安轨道交通线网在建工程的四个第一：

（1）第一座全上盖车辆段；

（2）第一座跨越地裂缝车辆段；

（3）第一座创新尝试性使用高强度预应力管桩的车辆段；

（4）第一座跨越集中文物区采取特殊措施保护性处理的车辆段。

同时，也是西安市轨道交通线网中投资大、建筑体量大、盖板面积大、开发强度大、人防面积大的车辆段。

3.工程难点

（1）项目共设计混凝土用量44万㎥，钢材8万t，型钢构件1.6万t。各种材料用量均较大。

（2）项目繁多、专业性强、技术标准高、工期要求紧迫。侧坡车辆段项目负责施工范围包括：站场土石方、地基处理、道路、围墙、构筑物、房屋建筑、给水排水及消防、低压配电及照明、通风空调及采暖等多系统工程，项目繁多、工作内容繁杂、专业性强、技术标准高。本工程施工总工期720日历天（2019年1月1日～2020年12月30日），并明确了多个关键节点工期，时间紧、任务重、平行交叉量大、施工投入大，施工组织和管理能力要求高（图10-15）。

图10-15 西安地铁6号线现场效果图

（3）项目安全管理任务重难度大。项目建设周期较短，工程量大，高峰期现场劳动力约为3200人，人员多，且周边无安置条件，全部采用现场临建进行全体参建人员安置，安全管理难度极大；现场全面同步施工作业，机械设备多，存在群塔作业，安全管理风险大；现场危大工程较多，高大支模体量大，深基坑较多，施工过程中安全风险管控难度大。

（4）专业接口关系复杂，施工协调配合管理工作量大。侧坡车辆段与综合基地工程项目多，内容繁杂，参建单位多，施工场地有限，除本标段进场外，轨道、供电/接触网、通信、信号、工艺设备安装、计算机网络、安防系统、综合监控系统等专业承包商亦将在本标主体结构工程完成后介入施工，参建单位多，施工作业场地有限，交叉作业多，地盘管理及综合管理难度大，对施工造成一定困难；本标段施工承包商需要承担起地盘管理的责任和义务，对红线内施工用地进行统筹考虑、合理安排，为进场施工的其他承包商提供必要的场地和施工作业面，从工程的大局出发，妥善解决施工过程中可能出现的干扰和矛盾，减少因场地紧张、施工作业面交叉干扰对正常施工的影响，以确保工程的顺利进行。

（5）安全文明施工及环保要求高。工程建设意义重大、社会公众关注度高，对环境保护、文明施工的标准高、要求严，在施工时需要突出文明施工及环境保护，采取完善的措施使施工对周边环境的影响减少到最小，严格控制施工污废水、施工噪声、施工粉尘和建筑垃圾的排放，坚持安全文明和绿色施工。一旦施工中发生任何安全事故、不文明举措以及施工机械排放的废气和噪声等对周围环境造成污染，都将会影响业主及施工单位的企业形象；该工程规模大、从业人员多、地下结构支护要求高、高空作业多、吊装工程量大、交叉作业多，存在着高处坠落、物体打击、坍塌、机械伤害、触电等重大危险源，以及噪声、扬尘、施工废水、建筑垃圾等重要环境因素，安全文明施工难度大，因而对安全生产、文明施工、环境保护提出了更高要求。

4. 智慧化服务措施

针对上述特点和难点，项目监理部进行了详细认真分析，除要求施工单位编制具有针对性的技术方案（措施）外，公司决定首次在地铁项目应用"筑术云"智能信息化管控平台开展智慧化监理，并在公司技术中心实施三级管理控制措施。

（1）分别在公司、监理项目部安装智能大屏（图10-16），实时监控项目现场施工状况，对施工过程进行全过程留痕管理，技能管控施工过程的安全和质量，对项目形象进度等情况一目了然。

图10-16 公司级视频监控系统（指挥中心）

（2）施工、业主、项目部监理人员都安装手机APP，应用"筑术云"视频监控系统随时对现场进行管控，及时掌握现场施工动态。

参建各方对视频监控系统的共同应用，并与各方对项目进度、安全、质量的认识同步，便于各方更好、更高效的沟通。同时，项目部监理人员在施工现场通过视频监控系统与公司后台专家在线实时连线，沟通工程中的疑难问题。本项目管理过程中共发现解决各类问题160余条，其中公司后台专家发现问题82条（图10-17）。

图10-17 施工现场与公司后台专家在线实时连线，沟通工程中的疑难问题

（3）协同办公平台。对项目所有资料全部进行机密管理，确保监理资料的完整性、真实性、同步性，为各方资料的使用提供永久保障。

项目监理人员通过"筑术云"平台知识库、数据库快速查阅相关知识和案例。后台在线专家实时汇聚行业专业资料、法律法规和经典案例等，根据国家政策实时更新（图10-18）。

图10-18 后台在线专家建立"筑术云"平台知识库、数据库

（4）无人机、执法记录仪等设备在地铁项目中的使用。利用无人机对现场施工质量、进度、安全、治污减霾等进行监理控制，确保本项目质量、进度、安全、投资等控制目标的实现（图10-19）。

图10-19 无人机、执法记录仪等设备图像资料

（5）在本项目实施过程中，项目监理人员应用智能检测设备严把质量验收关，及时组织施工、业主、监理人员进行三方联合验收（图10-20）。

图10-20　施工、业主、监理人员进行三方联合验收

5. 智慧化服务效果

（1）本地铁6号线项目自开工建设以来，在不同阶段接待同行业学习考察302次（图10-21）。

图10-21　同行业学习考察交流会

（2）喜中新标。本项目自2019年4月1日开工建设后，备受社会广泛关注，特别是公司应用智能信息化手段对该项目开展智慧化服务得到西安市轨道交通集团有限公司领导的认可，公司于2019年11月25日再次中标西安地铁8号线JLFW-3标段；2020年7月6日再次中标西安地铁10号线一期工程施工总承包监理项目5标段（图10-22）。

（3）智能信息化管理给建设单位提供增值服务，赢得用户口碑。本项目开工建设以来，监理部多次获得西安市轨道交通集团有限公司信誉考核第一名和节点考核奖励酬金（图10-23）。

（4）智慧化服务不仅为公司赢得了客户和项目，同时也大大提高了项目监理人员的工资收入。

图10-22　西安地铁8号线JLFW-3标段和西安地铁10号线一期5标段中标公告

图10-23　监理部多次获得业主信誉考核第一名和节点考核奖励酬金

（5）智慧化服务确保本项目工程质量达到合同约定的优质工程目标，竣工验收一次通过。2020年12月26日安全通车试运行，28日正式投入营运，深受社会各界广泛赞誉（图10-24）。

图10-24　西安地铁6号线顺利通车安全营运

三、广西贺州出水塘鸭子寨项目智慧化服务案例

1.工程概况

工程项目位于广西壮族自治区贺州市平桂区鹅塘镇，工程项目分三个地块分批建设，总建筑面积699121.52m²，约257.09亩。其中，A地块总建筑面积401341.52m²，约144.21亩，15栋26层住宅楼，7栋2层商铺；C地块总建筑面积

244

142845.65m^2，约57.46亩，6栋19层住宅楼，1栋1层商铺，共7栋楼；D地块总建筑面积154934.36m^2，约55.42亩，7栋26层住宅楼，3栋1层商铺，共10栋楼。建筑结构形式为剪力墙结构，基础为钢筋混凝土灌注桩基础，个别楼栋采用筏板基础。EPC合同价14.7亿元，合同工期1198日历天。监理费合同额18095100元。

2.应用"筑术云"智能信息化产品开展智慧化服务

该项目按照永明公司3.0监理部的标准进行配置，也是公司标杆资料监理部之一。工程自2019年开工以来，借助于"筑术云"强大功能使各项监理工作运转正常。创新的建筑施工管理模式，应用"筑术云"管理平台对项目进行科学管理，是广西第一个运用该技术的工程项目。采用"筑术云"平台，集大数据、云计算、"互联网+专家在线"等资源为一体，实现工程施工可视化、信息化管理、智慧化服务，改变了行业固有工作模式。工地现场无人机不定时航拍，巡视现场，将三维照片传送至云端，工地现场施工过程实时监控，项目进展清晰可见，对于优化项目管理、简化工作、提高效率、跟进项目进度具有十分积极的意义。同时，项目建设过程中所有的操作、资料都留痕永久保存，方便后期资料查询，减少资料维护成本。该模式为新型企业模式+互联网的项目管理，更好地实现了资源共享、信息共享，极大提高了工程管理和信息化水平，逐步实现绿色建造和生态建造，有效减少项目管理的前期计划时间。本项目被广西贺州市国资委评为"智慧工地"（图10-25、图10-26）。

图10-25　智慧化项目监理部建设示意图

3.社会关注

广西贺州市出水塘鸭子寨标准化监理部智慧化服务在当地受到各级政府部门的肯定（图10-27、图10-28）。

图10-26 施工现场基础施工阶段示意图

图10-27 当地各级政府部门考察调研监理人员智能信息化管理工作

图10-28 被广西贺州市国资委授予"智慧工地"

四、鄂尔多斯市达拉特旗馨和家园项目智慧化服务案例

1. 工程概况

总建筑面积：133475.74m²，住宅楼共18栋（1～18号），商业及配套用房3栋（S1～S3号），项目共分为三个标段（图10-29）。

工程地址：位于鄂尔多斯市达拉特旗树林召镇南园街以北，八中以南，商城

路以东，召西路以西。

建设单位：达拉特旗开达房地产开发有限公司。

施工单位：神东天隆集团建设工程有限公司、湖南省第五工程有限公司、河北建工集团有限责任公司。

监理单位：永明项目管理有限公司。

图10-29　鄂尔多斯市达拉特旗馨和家园项目效果图

2.项目监理部应用"筑术云"智能信息化产品开展智慧化服务

（1）项目在施工现场安装了4个高清摄像头，应用"筑术云"五大系统开展智慧化服务，通过现场监控画面进行施工全过程、全方位、24小时不间断旁站监理（图10-30）。

图10-30　现场视频监控系统

（2）应用"筑术云"专家在线系统开展智慧化办公，项目监理人员的标准化工作流程轻松满足日常工作场景；将生成的信息资料归集整理；利用智能信息化手段开展信息化管理、智慧化服务，工作轻松、自由、高效（图10-31）。

图10-31 "筑术云"视频会议系统

（3）监理人员通过应用无人机巡视，及时发现现场作业面存在的相关质量和安全问题，要求施工单位及时整改，并将整改情况汇报建设单位（图10-32）。

图10-32 无人机巡视现场施工进度情况

3.本项目智慧化服务效果

（1）项目监理资料与施工同步形成，上传至"筑术云"专家在线平台，经专家审核，确保项目监理资料的真实性、针对性和可操作性；确保项目监理资料规范化、标准化。电子版资料上传"筑术云"存储于大数据库，纸质版资料移交业主永久保存（图10-33）。

（2）鄂尔多斯市住建局、质监站领导莅临达拉特旗项目现场，检查指导信息化管理、智慧服务监理工作（图10-34、图10-35）。

图10-33　项目监理资料规范化、标准化展示

图10-34　鄂尔多斯市住建局、质监站领导莅临监理部现场检查指导工作

图10-35　鄂尔多斯市达拉特旗馨和家园项目获奖证书

五、西安（全运村）中小学建设项目智慧化服务案例

1.工程概况

项目位于潘骞路以北，柳林路以东，占地约98亩，规划建设54个小学班，总建筑面积约5.7万㎡（地上约3.7万㎡，地下约2.0万㎡），包含教学楼、食堂、音体楼、行政楼、报告厅等。项目估算总投资约3.89亿元，项目计划建设工期500天（图10-36）。

2.监理部办公环境

监理部办公环境如图10-37所示。

3.项目监理部应用"筑术云"智能信息化产品开展智慧化服务效果

（1）"筑术云"专家在线系统应用包括直问、特殊文件制作、文件审核、资料、我的等五个板块，五个板块协调统一，全过程在线问答，让答疑更快速、更权威（图10-38）。

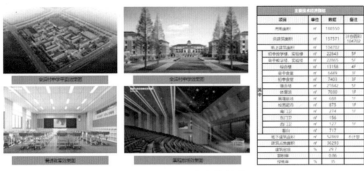

图10-36　项目室内外效果图

图10-37　监理部办公环境

图10-38　"筑术云"专家在线系统

（2）项目部资料上传，系统智能派发，专家后台评审通过后，加盖公司LOGO的防伪水印，云端存储及下载打印、装订成册（图10-39）。

（3）"筑术云"视频监控系统应用包括大屏客户端、手机APP、一台电脑、一部手机，轻松工作，随时随地可实现对现场的查看（图10-40）。

（4）通过"筑术云"视频监控系统对关键工序、关键部位的施工进行巡视检查、全过程、全方位24小时旁站监理（图10-41）。

图10-39　监理资料

图10-40　视频监控系统

图10-41　巡视检查

（5）西安（全运村）中小学建设项目在参建单位的艰苦努力下，通过监理实施信息化管理、智慧化服务，该项目部分工程已按合同工期通过竣工验收（图10-42）。

图10-42　西安（全运村）中小学建设项目竣工效果图

六、秦汉新城秦风佳苑安居小区项目智慧化服务案例

1.项目概况

（1）建设单位：陕西西咸新区秦汉新城天汉投资有限公司。

（2）施工单位：陕西建工第二建设集团有限公司。

（3）监理单位：永明项目管理有限公司。

（4）工程地点：位于西咸新区秦汉新城，南邻沣泾大道，北邻亚夫路，东邻汉高大道，西邻汉韵一路。

（5）本工程由16栋住宅楼及附属商业、1栋幼儿园及地下车库组成，总建筑面积为357776.47m²。住宅楼设计层数为15～20层，结构类型为剪力墙结构，地下一层，局部两层。地下车库、幼儿园设计结构类型为框架结构。建筑设计使用年限均为50年，抗震设防烈度：8度，建筑耐火等级：一级（图10-43）。

图10-43　项目立体效果图

2.应用"筑术云"智能信息化产品开展智慧化服务

秦风佳苑安居小区项目作为公司打造的标准化3.0标杆项目，2020年紧跟公司发展步伐，积极响应公司号召，坚定不移地走出了一条信息化高品质发展道路。

项目部在推广应用"筑术云"、加强团队建设、细化内部管理、建设标准化项目部，实现质量、安全和进度的管控协调，专业技术人才储备和培训等方面工作取得了显著成效（图10-44）。

3."筑术云"智能系统应用效果

公司本着实现项目规范化、标准化、智慧化服务的原则，将"筑术云"信息

本项目采用公司3.0标准配置

图10-44　应用视频会议系统组织召开图纸会审和远程会议

化智能管控服务平台应用到该项目监理工作中，充分做到了"筑术云"和智慧工地的有机结合。项目工程质量、安全、进度、投资以及治污减霾方面通过科学管控得以实现目标。

该项目监理部通过应用"筑术云"信息化管控平台，在本项目工程监理中实施信息化管理、智慧化服务，得到政府和建设单位一致认可。永明公司监理的秦汉新城秦风佳苑安居小区及沣西新城项目被评为"2020年度先进单位"（图10-45）。

图10-45　秦汉新城、沣西新城颁发优秀参建单位奖牌

七、崖州湾·海垦顺达花园项目智慧化服务案例

1.项目概况

崖州湾·海垦顺达花园项目位于海南西线高速崖城出口1.5km处，崖城果蔬储运销售中心北侧，三亚崖城工商所斜对面，距崖城镇政府约1.5km，场地东侧为G225国道，交通便利。拟建场地总用地面积约56775.07m²，建筑占地面积

9444.42m²。本项目部分场地为地下1层及部分纯地下室，均为车库或设备用房，场地室内±0.00标高为12.20～13.00m，地下室底板标高为6.10m。本工程采用国家85高程，坐标采用海平面坐标系。一期总建筑面积为137771.98m²，其中正负零以上建筑面积约为102665m²，正负零以下建筑面积约为35106.98m²。

2.五大工程责任主体及监督单位

建设单位：海南海垦顺达置业投资有限公司。

勘察单位：三亚水文地质工程地质勘察院。

设计单位：深圳市华纳国际建筑设计有限公司。

施工单位：山河建设集团有限公司。

监理单位：永明项目管理有限公司。

质量安全监督单位：三亚崖州湾科技城管理局。

3.项目整体效果图

项目整体效果图如图10-46所示。

图10-46　项目整体效果图（鸟瞰图）

4.应用"筑术云"智能信息化产品开展智慧化服务效果

崖州湾·海垦顺达花园项目应用"筑术云"3.0系统实施项目智能管控，使得项目现场的管理可视化，施工质量、安全风险可控，协调工作顺利开展，工程资料传至公司专家在线数据库永久留存，该项目主体施工阶段视频画面如图10-47所示。

图10-47　施工过程中的视频监控画面

八、西安航天基地东兆余安置项目智慧化服务案例

1. 工程概况

西安航天基地东兆余安置项目，位于西安航天基地航天中路以东，航拓路以南区域。总建筑面积65万㎡，按区域划分为DK-1、DK-2、DK-3、二府井地块共四个地块，总造价约30亿元。共计36栋高层住宅，两所幼儿园，占地面积约350亩。

2. 五方责任主体

建设单位：西安航天城市发展控股集团有限公司。

设计单位：陕西省建筑设计研究院（集团）有限公司。

监理单位：永明项目管理有限公司。

勘察单位：陕西工程勘察研究院有限公司。

施工单位：中铁北京工程局集团有限公司、陕西建工第一建设集团有限公司。

西安航天基地东兆余安置项目监理部是公司打造的重点3.0标杆项目部，应用智能化信息平台"筑术云"进行项目管理，起到降本增效的效果（图10-48、图10-49）。

图10-48 西安航天基地东兆余安置项目效果图

图10-49 西安航天基地东兆余安置项目监理项目部

3.为建设单位提供智慧化增值服务效果

项目部自组建进场以来，应用"筑术云"开展监理工作，得到建设单位的认可，并对本项目组织了多次观摩活动，在业界得到大力宣传推广。为提高工作效率，协同办公，为建设单位总公司也安装了视频监控系统，利用"筑术云"项目管理平台对项目进行实时管理，高效快捷，实时掌握现场进度情况，可以准确快速进行决策。

本项目目前全面开展建设（DK-1）18万㎡，（DK-2）、（DK-3）开始前期准备工作，工作量大，任务重，建设单位仅安排1人即可进行项目管理，同时监理部协助建设单位完成合同外地块前期工作，协助建设单位进行其他项目航拍作业，项目部抽调人员协同建设单位对其他项目进行安全检查，项目部安排人员常驻建设单位，协助甲方工作，尽最大可能为公司争取回单率（图10-50～图10-57）。

图10-50　西安航天基地东兆余安置项目监理项目部会议室

图10-51　西安航天基地东兆余安置项目视频监控治污减霾黄土覆盖情况

图10-52 西安航天基地东兆余安置项目现场视频监控施工情况

图10-53 西安航天基地东兆余安置项目监理人员施工现场混凝土坍落度检测

图10-54 西安航天基地东兆余安置项目监理人员使用平板电子施工图进行现场核查

图 10-55　西安航天基地东兆余安置项目监理部独立实验室

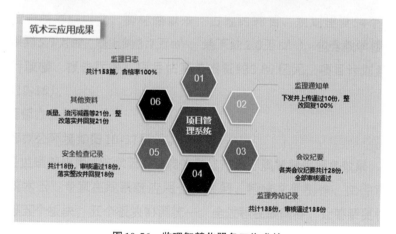

图 10-56　监理智慧化服务工作成效

图10-57　项目部监理人员培训学习

九、西安（小汤山）公共卫生中心项目智慧化服务案例

　　2020年春节伊始，一场突如其来的新冠疫情席卷全国，西安市决定投资23亿建设占地500亩，位于高陵区东南，"平战结合、长远规划"的公共卫生中心和现代化高水平综合医院。首期建设的应急隔离病房将提供500张床位（图10-58～图10-60）。

图10-58　西安公共卫生中心项目效果图

　　2020年2月1日，永明项目管理公司被西安建设局指定为工程建设监理单位，该项目2月3日开工，10天建成，15天投入使用。此时正值春节放假和疫情封闭期，永明项目管理有限公司利用筑术云信息化管控平台，仅用20个小时就组织了75人的监理队伍连同设施设备提前赶往施工现场（图10-61、图10-62），

图10-59　施工现场永明智能监理宣传标语

图10-60　永明项目管理有限公司参建突击队参加交接仪式

图10-61　监理人员使用筑术云管控平台工作　　**图10-62　公共卫生中心建成后全貌**

并利用筑术云管理平台同施工企业（中建集团、陕建集团）并肩战斗圆满地完成了艰巨的政治任务，得到了西安市委市政府的高度认可和评价，西安市政府向永明项目管理有限公司发来了感谢信（图10-63）。

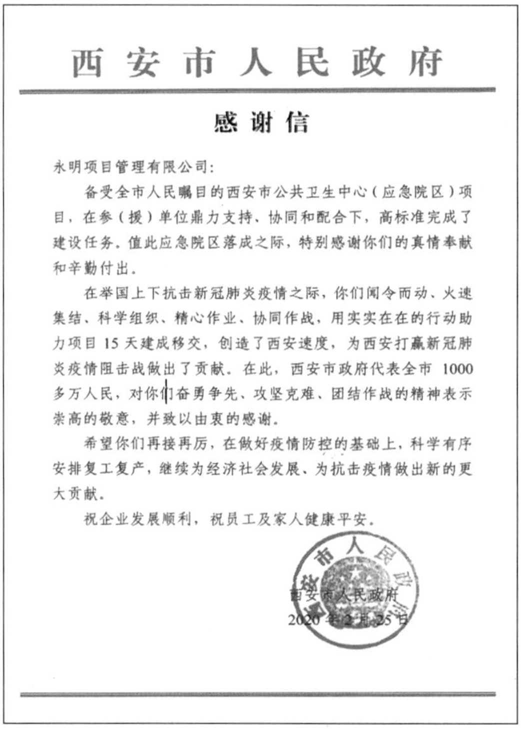

西 安 市 人 民 政 府

感 谢 信

永明项目管理有限公司：

备受全市人民瞩目的西安市公共卫生中心（应急院区）项目，在参（援）单位鼎力支持、协同和配合下，高标准完成了建设任务。值此应急院区落成之际，特别感谢你们的真情奉献和辛勤付出。

在举国上下抗击新冠肺炎疫情之际，你们闻令而动、火速集结、科学组织、精心作业、协同作战，用实实在在的行动助力项目15天建成移交，创造了西安速度，为西安打赢新冠肺炎疫情阻击战做出了贡献。在此，西安市政府代表全市1000多万人民，对你们奋勇争先、攻坚克难、团结作战的精神表示崇高的敬意，并致以由衷的感谢。

希望你们再接再厉，在做好疫情防控的基础上，科学有序安排复工复产，继续为经济社会发展、为抗击疫情做出新的更大贡献。

祝企业发展顺利，祝员工及家人健康平安。

西安市人民政府
2020年2月25日

图10-63 西安市政府感谢信

十、山西岚县经济技术开发区铸造产业园提升项目智慧化服务案例

1. 项目概况

项目名称：岚县经济技术开发区铸造产业园提升项目。

建设单位：岚县经济技术开发区管理委员会。

建设地点：岚县经济技术开发区集中供水站西。

建设内容和规模：项目总用地面积为251314m²，约合376.95亩，总建筑面积151728.38m²，项目建设10座1层全封闭钢结构标准厂房，2栋5层砌体结构宿舍楼、1栋2层框架结构职工食堂/职工浴室、2栋3层框架结构科研楼、1栋12层框架结构综合楼、配套1层框架结构动力站及其他（图10-64）。

项目总投资估算：55527.20万元，其中建安工程费用43290.28万元，工程建设其他费用8123.79万元，基本预备费4113.13万元。

2. 五大工程责任主体及监督单位

建设单位：岚县经济技术开发区管委会。

设计单位：山西五建集团有限公司（项目为EPC总承包模式）。

图10-64 岚县经济技术开发区铸造产业园提升项目效果图

勘察单位：长平工程有限公司。

监理单位：永明项目管理有限公司。

施工单位：山西五建集团有限公司（项目为EPC总承包模式）。

3.本项目监理部应用"筑术云"智能信息化产品开展智慧化服务

（1）本项目安装了6个高清摄像头，应用筑术云视频监控系统开展智慧化服务，通过现场监控画面实施工程全过程、全方位24小时旁站监理（图10-65）。

图10-65 现场视频监控全过程、全方位施工动态

（2）项目监理人员应用筑术云专家在线系统开展网络信息化办公，在线专家工作流程化，标准化；管理高效、服务轻松（图10-66）。

第十章 智慧化服务案例

图10-66　筑术云专家在线系统在线专家工作流

4.本项目智慧化服务效果

（1）资料与施工同步，筑术云专家在线平台专家审核，确保资料规范化、标准化（图10-67）。

图10-67　项目监理资料规范化、标准化展示

（2）岚县经济技术开发区管委会领导莅临岚县经济技术开发区铸造产业园提升项目检查指导信息化管理、智慧服务监理工作（图10-68）。

图10-68　岚县经济技术开发区管委会领导莅临监理部检查指导工作

第十一章　智慧化服务成果分享

在"互联网+"的背景下，永明项目管理有限公司创新性地将网络化、信息化应用在建筑工程领域，构建信息化智能管控服务平台——筑术云，创造性地提出对项目实施模块化、流程化、信息化管理，智慧化服务（图11-1）。

图11-1　智慧化思维

筑术云平台的应用涉及建筑、水利、电力、公路、铁路等多个建设行业，形成了覆盖全国主要大中城市的营销服务网络。永明公司在全国三百多家分公司已成功运用筑术云进行信息化管理、智慧化服务，有效管控现场质量安全，引起了同行业的高度关注（图11-2）。

截至目前，北京、上海、广州、深圳、江苏、浙江、湖南、湖北、四川、重庆、河南、广西、广东、山东、山西、江西等地多家单位相继邀请或前往永明参观交流。络绎不绝的参观交流，使标杆企业信息化建设更加具有现实意义；在全国不同城市的信息化交流会议上，大家纷纷对信息化智能管控服务平台—筑术云给予了充分的肯定（图11-3）。

2020年7月21日，监理企业信息化管理和智慧化服务现场经验交流会在古都西安隆重举行。永明项目管理有限公司作为首家主题分享单位向大会作了"为

图11-2　同行交流

图11-3　交流会

企业插上腾飞的翅膀"的报告,进行了智能化管控创新与实践演示(图11-4)。

2020年7月29日,永明高管团队牵头成立的宣传工作组先后前往深圳、福建、江西、江苏等省市进行筑术云宣传推广活动(图11-5)。

2020年9月30日,在2020年数字陕西建设优秀成果和最佳实践案例征集活动中,信息化智能管控服务平台——筑术云入围产业互联网类优秀成果和最佳实践案例(图11-6)。

2020年10月26日,由西安市建设监理协会和广州市建设监理行业协会共同举办的"疫口同生·共创未来——十城市建设监理行业创新发展交流会"在西安召开。西安、广州、深圳、武汉、天津、杭州、成都、沈阳、哈尔滨、福州十城

图 11-4　主题报告

图 11-5　宣传会

图 11-6　获奖情况

市监理行业协会及企业代表共162人参会。会上，公司副总经理郑广军向所有行业领导和同行企业全方位、多维度、立体化地展示了筑术云的功能与特点。

会议就疫情背景下，监理人如何积极应对行业挑战、实现转型升级，展现新时代监理人逆行奉献、砥砺前行的时代新风，以及为梳理后疫情时代监理行业持续健康发展提供了新思路、新理念和新方法（图11-7）。

图11-7 交流会现场

十城市监理行业协会和企业代表就监理行业如何转型升级、分享提升核心技术、拓展监理服务模式、开展全过程工程咨询服务等多项议题进行广泛交流，共同探索我国工程建设监理行业持续健康发展的新出路，并形成了诸多促进工程监理行业持续健康发展的新共识（图11-8）。

2020年10月29日，由浙江省全过程工程咨询与监理管理协会主办，《建设

图11-8 交流会现场

监理》等单位承办的"2020建设监理创新发展交流会"在浙江杭州召开。本次交流会汇聚了国内监理行业的主流企业，业内影响巨大。中国建设监理协会会长王早生，浙江省住房和城乡建设厅党组成员、浙江省建筑业管理总站站长、二级巡视员朱永斌等领导出席，来自全国各地的近700位行业专家、学者及监理企业领导参加了会议。永明公司副总经理董斌带队一行4人应邀参加会议，听取会议精神。

10月30日会议结束后，副总经理董斌一行4人走访浙江求是工程咨询监理有限公司、浙江五洲工程项目管理有限公司、浙江东凯项目管理有限公司（图11-9）。

图11-9 走访同行企业

2020年10月30日，第四届楚湘监理论坛在长沙举办。永明项目管理有限公司副董事长朱序来应邀作"智能化管控创新与实践"专题讲座（图11-10）。

图11-10 专题讲座

2020年11月10日，由广西建设监理协会组织的2020年第一期广西建设工程监理工程师培训会在南宁举办，650名监理执业人员参会听取会议精神。永明项目管理有限公司副董事长朱序来作为特邀嘉宾出席会议并做监理行业信息化主题宣讲（图11-11）。

图11-11　主题演讲

2020年11月17日，"十三五"万名总师（大型工程建设监理企业总工程师）培训班在江西南昌举办。永明项目管理有限公司副董事长朱序来作"智能化管控创新与实践"专题讲座。朱序来教授从陕西合友科技公司研发的"筑术云"信息化发展历程和永明公司信息化建设与应用等方面，列举大量案例向学员们进行了激情演讲与分享，得到学员们广泛赞誉，对"筑术云"信息化无限向往，纷纷表示要到永明去考察学习。筑术云信息化管控平台作为服务于建设领域的新兴产品，以其理念超前、系统先进、技术精湛、适用面广而倍受学员们青睐（图11-12）。

图11-12　专题讲座

2020年11月25日，由陕西省建设监理协会主办的全省监理企业信息化管理和智慧化服务经验交流会议在西安成功召开。陕西省住房和城乡建设厅建筑市场管理办公室季宏升，中国建设监理协会副会长、陕西省建设监理协会会长商科，陕西省监理协会和省法制协会联合党支部书记高小平，省建设监理协会副秘书长郭红梅，省建设监理协会副秘书长、永明项目管理有限公司董事长张平等出席会议。省内外230余位监理协会领导与企业家代表欢聚一堂，以监理行业信息化管理、智慧化服务为主题共商数字赋能、共谋未来发展。副董事长朱序来受邀出席会议并以"为企业插上腾飞的翅膀——监理行业信息化"为题作主题演讲。

永明项目管理有限公司深耕工程建设行业信息化多年，已具备成熟的一体化解决方案和产品创新能力，利用互联网、云计算、大数据等技术，构建出适用于工程建设行业的信息化智能管控服务平台——筑术云，实现专家在线、协同办公、项目管理等方面的信息化。做到"用数据说话、用数据决策、用数据管理和用数据创新"，推进工程建设管理体系和管理能力的智能化。新兴信息技术在工程建设行业的应用，对于实现工程建设项目规范化、科学化具有深远的意义，永明将继续与广大同行、用户共同努力，不断创新，共同开创行业新景象（图11-13）。

图11-13　交流会现场

近期，华德莱工程咨询有限公司、诚信佳项目管理有限责任公司、中元方工程咨询有限公司以及湖南工大项目管理有限公司纷纷与永明及陕西中筑信合科技产业集团有限公司签订信息化产业联盟合作协议。联盟单位以整合资源和优势互补为基础，共同扩展发展空间，提高行业竞争力，实现企业升级转型、携手前行应对行业挑战、共同把握监理行业信息化发展市场机遇（图11-14）。

图11-14　签约仪式

筑术云的使用可以有效降低成本，增强公司核心竞争力，提升监理服务品质，从而提高经济效益，加速公司发展。信息化建设助力永明抓住良好发展机遇，使公司在互联网经济环境下得以迅速发展。